新时代生态文明建设视域下公民环境教育共生机制研究

尚云峰　徐艾莴◎著

中国原子能出版社

图书在版编目（ＣＩＰ）数据

新时代生态文明建设视域下公民环境教育共生机制研
究／尚云峰，徐艾莳著 ． -- 北京 ：中国原子能出版社，
2019.12 （2023.1重印）
　ISBN 978-7-5221-0391-4

　Ⅰ．①新… Ⅱ．①尚… ②徐… Ⅲ．①公民教育－环
境教育－研究－中国 Ⅳ．① X-4

中国版本图书馆 CIP 数据核字（2019）第 295815 号

出版发行：中国原子能出版社（北京市海淀区阜成路 43 号　100048）

责任编辑：杨晓宇

责任印刷：赵　明

印　　刷：河北宝昌佳彩印刷有限公司

经　　销：全国新华书店

开　　本：787mm×1092mm　　1/16

印　　张：10.25　**字　数：**180 千字

版　　次：2019 年 12 月第 1 版　　2023 年 1 月第 2 次印刷

书　　号：ISBN 978-7-5221-0391-4　　　　　　**定　价：**56.00 元

网址：http://www.aep.com.cn　　　　　　E-mail: atomep123@126.com

发行电话：010-68452845　　　　　　　版权所有　　侵权必究

前 言

随着社会和科技快速发展，人类面临着环境污染、资源破坏、生态系统失衡等一系列环境问题，并且已经渗透到了社会、经济、文化乃至政治等各个领域，呈现出日益全球化和国际化发展的趋势。工业革命以来，人类社会面临的全球性环境问题主要有能源和资源濒临枯竭、臭氧层耗损与破坏、生物多样性减少、酸雨蔓延、森林锐减、草地退化、水土流失、大气污染、水污染、噪声污染、重金属污染、土壤污染、垃圾泛滥和固体废物污染、辐射污染、城市热岛效应等。由此引发的生态危机对人类生存产生了巨大影响。生态环境问题是人类在 21 世纪的生存与发展中遇到的、共同关心和亟待解决的首要问题之一。

生态文明是人类文明发展史上的一种崭新的文明形态，更是一种有别于工业文明的价值选择。生态文明建设需要坚实的公民环境教育作支撑，公民环境教育是生态文明建设的重要组成部分。加强生态文明建设，解决环境问题不仅需要大量具有较高能力的环保专业技术人才，更重要的是要依靠具有较高环保素养的广大公民。保护环境是一项全民性的事业，它不仅是环保部门和环境专家所关注的对象，而且关系到每个人的生活和生存，因而需要全民参与。百年大计，教育为本，只有对全民进行全面客观的环境教育，树立和增强他们的环境意识，才能从根本上保护好环境。从这个意义上说，实施环境教育比治理环境污染更具有前瞻性和迫切性。环境教育作为 20 世纪以来的热门话题，已经受到世界各国关注。

在进入 21 世纪的今天，环境教育被认为是一个贯穿整个教育领域的教育过程，是培养地球村合格公民的一个重要策略。从这一角度看，环境教育不仅要使受教育者掌握一定的环境科学知识，更重要的是要激发受教育者强烈的环境意识，使他们形成一定的环境责任感、道德感和正确的环境价值观和态度。本书从生态文明建设视角切入，对公民环境教育进行系统研究。概述生态文明建设和教育共生机制的基本理论内涵，重点对中国公民环境教育的历史、现状、内容和原则进行探讨，同时对我国公民环境教育共生机制系统进行建构和探索。在此基础上，提出共生理念指导下的公民环境教育和教学策略。希望借此拓宽环境教育相关研究的视野，推动公民环境教育实践效果的提升，增强公民生态文明意识。

目 录

第一章 生态文明建设概述

自迈入工业社会以来，通过工业化的生产和科学技术的不断发展，人类创造了巨大的物质财富并积淀了丰厚的精神财富，但随工业文明出现的环境污染、生态破坏和资源短缺以及与之相适应的管理模式引发了世界性的生态危机。为了化解危机，使经济和社会得以可持续发展，就必须对旧的文明模式进行扬弃。在农业文明、工业文明的基础上，以信息文明为手段，把人类推向生态文明。

第一节 生态文明产生的背景及意义

一、生态文明产生的背景

工业文明以科学技术为第一生产力创造了巨大的物质财富和精神财富，并以日益延伸的信息高速公路将人类及地球表层网络成地球村。工业文明已经成为人类社会现代化的主流模式引导着世界各国发展的新潮流，中国也坚定地向工业文明挺进。

工业文明果真能把人类带上光辉的发展前途吗？全球生态危机和环境灾难向我们提出这个位得深思的问题。工业文明的基础是有足够的可再生资源和不可再生资源，以及科学技术能不断地开发出足够的替代资源。然而资源短缺和科学技术在限定的时段内难以开发出足够的替代资源这一事实，却无情地动摇了这一基础。工业文明生产活动的排泄物（废物、废水、废气）严重破坏了人类赖以生存和发展的环境。在缺乏生态文明的伦理价值取向下的工业经济行为，必然导致一系列环境与发展的矛盾，对人类的生存与发展形成了极大的威胁。因此，只有改变人类目前的生产和生活方式。实现生活、生产与生态的"三生共赢"。将人类推向生态文明。才能实现人类的可持续发展。

二、生态文明研究的内容

生态文明是人类在适应自然、改造自然过程中建立的一种人与自然和谐共生产方式，包括以下三个部分的内容：

1、"生态文明"是人类文明发展的新时代

人类文明在走过了采猎文明、游牧文明、农业文明、工业文明之后，正在迈向一个崭新的文明时代，学术界把这一时代称为后工业文明、信息文明、生态文明等。当回顾工业文明及其以前人类所走过的文明历程后，我们不难发现，在处理人类与自然界的关系时。人类始终是处于中心地位的，强调的是人类去征服自然、改造自然，人与自然始终处于对立状态。正因为如此，有学者认为人类至今尚未走出蒙昧阶段,更谈不上进入文明的时代。这种观点放在历史发展的长河中来看,也不无道理。

在采猎文明阶段，生产力水平低下。人们对自然环境被动适应，人类生存的物质基础是天然动植物资源，采猎人群征服和改造自然的能力十分低下，采猎的动植物完全是自然界发育、生长的结果。所以人类崇拜和畏惧自然并祈求大自然的恩赐。环境对人类的制约作用较强，人类对环境的改造作用微弱。

在游牧文明阶段，因为受自然环境的影响。养成了逐水草而居的生产方式，没有固定住所，哪里有丰美的水草，就在哪里安家。在近乎原始的游牧生活中，没有哪一个牧人敢把某一片草场当成自己的家，因为受载畜量的影响。牧人们必须不断地迁徙才能保持草原的自然再生产，才能保证牲畜能吃到源源不断的新草。这其实正暗合了草原成长的生态规律。

在农业文明阶段，随着生产力水平的提高，对自然有了一定的了解和认识，人类在开始利用自然并改造自然的过程中。逐步减弱了对自然的依赖。同时与前者的对抗性增强。农业文明带来了种植业的创立及农业生产工具的发明和不断改进，带来了固定居所的形成和人口的迅速增长,带来了纺织业等手工业和集市贸易的诞生，带来了农业历法等科学技术，也带来了"人定胜天"的精神和信念。由于大规模地改造自然。生态环境遭到了一定程度的破坏。如局部地区水土流失、土地荒漠化，生物多样性减少，生态系统变得日益简单和脆弱。

在工业文明阶役，生产力水平空前提高，人类对自然环境展开了前所未有的大规模的开发和利用。人口的激增，资源的透支，一切杜会活动趋向物质利益和经济效益的最大化，人类试图征服自然。成为自然的主宰。由于人类自身需要和欲望急剧膨胀。人对自然的尊重被对自然的占有和征服所代替。发达国家的经济、社会制度又促使少数人以占有和剥削他人更多的物质财富为根本动力和目的，这一价值观进一步扩展到整个民族、国家和杜会层面，更加剧了人们对自然资源的掠夺和对生态环境的破坏。当前，人类面临着由于现代工业的发展带来的全球气候变暖、能源和资源濒临枯竭、臭氧层耗损与破坏、生物多样性减少、酸雨蔓延、森林锐减、草地退化、湿地减少、土地荒漠化、水土流失、大气污染、水污染、噪声污染、重金属污染、有机物污染、垃圾泛滥和固体废物污染、辐射污染、城市热岛效应、生态系统退化等严重的环境问题，这些问题已经从根本上影响到人类的生存和发展，"天人"关系全面不协调，"人地"矛盾迅速激化。

在上述四大文明体系中，人类对自然强调的是无条件的索取，一切以人为中心，由此酿成了当今世界危机四伏的局面。人类必须转换思维，寻找新的发展模式，用一种新的价值现去指导经济社会未来的发展之路。

生态文明就是在农业文明和工业文明的基础上，人类未来文明的第一个表现形态。生态文明作为一种新的文明范型和未来文明的第一形态，它把人类带出了"蒙昧时代"而进入真正意义上的"文明时代"，一个结构复杂、秩序优良的社会制度将在全球建立。

2、"生态文明"是社会进步的新理念和发展观

工业文明以前的文明形态割裂了人与自然的天然关系。在新的时代，人类必须扬弃"以人为中心"的发展现，而提倡"以人与自然和谐发展"的发展观——生态文明现。重建经济和社会发展的伦理和哲学基础，也只有这样的创造才能将人类推向文明进步的更高阶段。

生态文明观是指人类处理人与自然关系以及由此引发的人与人之间的关系、自

然界生物之间的关系、人与人工自然物之间的关系的基本立场、观点和方法，是在这种立场、观点和方法指导下人类取得的积极成果的总和。它是一种超越工业文明观、具有建设性的人类生存和发展意识的理念和发展观，它跨越自然地理区域、社会文化模式，从现代科技的整体性出发，以人类与生物圈的共存为价值取向发展生产力。从人类自我中心转向人类社会与自然界相互作用为中心建立生态化的生产关系。

生态文明观强调地球（甚至包括整个宇宙）是一个有机的生命体，它是一种包含四层含义的新的发展现：一是正确处理人与自然的关系；二是正确处理人与人之间的关系；三是正确处理自然界生物之间的关系；四是正确处理人与人工自然之间的关系。上述方面是相互联系、辩证统一的。

不同文明时代有相应的价值观。它是物质世界长期发展的产物，也是社会不断演进的结果。在农业文明时代，价值的衡量的标准是"土地是财富之母，劳动是财富之父"。到了工业文明时代，绝大多数的商品价值的衡量，是遵循"劳动价值论"的，商品价值量的决定取决于生产该商品的社会必要劳动时间。而生态文明时代的价值标尺是多元的。其基本准则仍然是"劳动价值理论"。与工业文明时代的"劳动价值论"相比。"劳动价值"中包含着更多的"知识价值"，可以说是在传统的"劳动价值论"基础上，加上"知识价值论"；特殊商品的价值，因其稀缺性和人们对其的喜好，遵循"效用价值论"；由于全球信息高速公路建成，不同的信息会产生不同的增值效应，因而极大地影响商品价格的形成，"信息价值论"随之出现；自然资源（包括土地资源、森林资源、水资源、矿山资源、海洋资源、环境资源等）由于对人类生存的决定性作用。其价值被重新定位。……这些因素构成了文明的多元价值观。

生态文明观以生态伦理为价值取向，以工业文明为基础，以信息文明为手段，把以当代人类为中心的发展调整到以人类与自然相互作用为中心的发展上来。从根本上确保当代人类的发展及其后代可持续发展的权利

3、"生态文明"是一场以生态公正为目标、以生态安全为基础新能源革命为基石的全球性生态现代化运动

生态公正体现了人们在适应自然、改造自然过程中，对其权利和义务、所得与

投入的一种公正评价。生态安全是人类的生存与发展的最基本安全需求，与国防安全、经济安全、社会安全等具有同等重要的战略地位。它是国防军事、政治和经济安全的基础和载体。在此基础上，社会的可持续发展不是简单的污染治理，而是在科学技术不断发展的前提下，以新能源革命和资源的合理配置为基础，改变人类的行为模式、经济和杜会发展模式，通过资源创新、技术创新、制度创新和结构生态化，降低人类活动的环境压力，达到环境保护和经济发展双赢的目的。这就是在全球范围内推进生态现代化建设的进程。

工业革命引发的人类社会由农业社会向工业社会、由农业经济向工业经济转变是人类社会的第一次现代化。人类正在经历着由知识革命、信息革命、生态革命引发的工业社会向生态社会、工业经济向生态经济转变的第二次现代化——生态现代化。

生态文明建设可以从不同层面来考察，国际层面需要构建国际合作新平台，倡导国际合作与全球伙伴关系，各国政府和国际组织加强沟通和协调；政府层面主要是管理区域生态环境。制定相应的"游浅规则"；企业层面是严格贯彻执行相关的法律、法规。履行社会责任；公众层面主要是践行低碳生活，实现环境保护的公众参与。具体来说，生态文明建设包括经济建设、政治建设、文化建设、杜会建设、环境建设、国防建设等方面的内容。

各个国家、地区乃至全球，要坚持维护经济发展、生态保护、文化传承、社会进步的平衡。强调经济效益、生态效益、人文效益、社会效益的有机统一，并通过生态文明指数来衡量生态文明建设的程度。

三、中国生态文明建设的意义

以中国为代表和最为典型的发展模式在生态现代化进程中，所面临的人口、资源与环境的压力应该持有的态度以及如何选择发展道路，不仅对中国而义对世界和平与发展都将会起重要作用并产生深远的影响。

1、中国生态文明建设的实践，将会对发展中国家的现代化起到示范作用

到目前为止,真正分享了工业文明好处的主要是属于西方文化体系的欧美国家。

而属于中国文化体系、伊斯兰文化体系和印度文化体系的国家以及横贯亚洲大陆等区域的大部分国家，仍处于现代化的初、中期阶段。20世纪60年代以来。东亚"四小龙"的起飞。拉开了亚洲发展中国家和地区工业化序幕。创造了许多可供借鉴的宝贵经验，使落后于西方的亚洲发展中国家看到亚洲复兴的希望。儒家文化体系的中国大陆和东亚"四小龙"，格外引人注目。一些理论家甚至将"四小龙"的经济起飞概括为"亚洲之道"。但是，全面看来"四小龙"的经济起飞仍不能称为一个完整的"亚洲之道"。因为，他们相对整个亚洲而言，仍属于亚洲边缘地带小区域性的工业化推进。在"四小龙"的工业化过程中。基本上没有遇到亚洲大陆普遍存在的人口、土地和粮食三大难题，然而这三大难题在中国现代化的进程中却处于突出地位。由于中国本身就是人均耕地面积少的国家。除了受资源与环境的困扰外，还承受着人口及其相关的土地和粮食的巨大压力。实施可持续发展战略，搞好现代可持续农业，才是21世纪中国的立国之本。

人口以及与其相关的土地和粮食问题是中国实现可持续发展的最大障碍，正待起飞的亚洲、美洲其他发展中国家也遇到了同样的难题。然而，这一难题在占世界人口1/4西方国家工业化进程中没有遇到，只有6000万人口的东亚"四小龙"也没有遇到。因此，如何解决工业的持续发展与农业的有限发展之间矛盾，构建一个工业经济与农业经济之间良性循环的生态经济模式，将是中国走向未来必须解决的现实问题。中国的成果，不仅会将中国推向一个全新的发展阶段，而且也会为亚洲和世界其他发展中的大国起到对比强烈的示范作用。

2、中国生态文明建设的实践，将会促使人类文明走向可持续发展道路

发端于西方的工业文明，虽然在推动人类的科学技术进步和物质文明发展方面，在打破封建割据，推进世界政治、经济、文化向着一体化、多元化发展方面，表现了巨大的历史进步性，但是工业文明模式并不是人类文明进化的终极模式。工业文明虽然在西方世界获得了巨大的成功，但在西方以外世界的推进中却是失败的。正是为了掠夺资源和垄断市场，才导致了南方与北方发展的严重失衡。一端是仍有8亿人食不果腹、文明发展明显滞后的不发达世界。另一端却是享受主义盛行的发达世界。正是这种全球发展的不均衡才是导致环境污染、资源浪费、人口膨胀的深层

原因。发达国家以技术优势、市场优势在境外继续以夕阳工业模式制造污染，并以奢侈的生活方式，迅速消耗着地球仅有的资源。在不发达国家，由于贫困落后、缺乏技术、缺乏资金，在国际不平等贸易、人口膨胀的压力下以另一种方式破坏资源和环境、制造污染。在这个失衡的世界中，不仅富人制造污染。穷人也在制造污染。具有弱肉强食竞争机制的西方工业文明在全世界推进的 300 年中，为全球经济、技术与文化的发展注入了强大活力的同时。也埋下了导致全球经济、政治、文化与技术失衡、无序发展的种子。如果说在工业文明推进的初期，弱肉强食的竞争机制引起的失街和无序是区域性、隐蔽性的，那么在全球性经济一体化的今天，这种机制必将会严重阻碍人类文明的进步。

全球经济、文化、技术的不均衡发展，是造成全球生态资源浪费、环境污染和人口膨胀的深层次原因，也是阻得全球文明可持续性发展的根源。在"部分人类中心主义"世界现下出现的人类与自然对立、人类与自然关系失衡的背后，还存在着人类文明结构的失衡。建立全球性的经济、文化与技术的均衡、协调的发展模式。是人类文明走向可持续发展的必由之路。要建立全球文明均衡、协调发展模式。就必须创造一个有利于发展中国家发展的国际经济新秩序，使所有发展中国家都能平等分享人类文明进步的成果。打破在传统的不平等竞争的国际秩序中形成的强权垄断。

如果说西方是在人类与自然的对立、民族与人类的对立、现在与未来的对立中完成工业化的现代化，那么时代和历史决定了中国必须在寻求既有利于本民族也有利于全人类、既有利于现在也有利于来来、既有利于生态环境保护和改善也有利于人类文明进步的新文明模式建构中完成中国的现代化。这个在人类与自然、民族与人类、现代与来来的统一中所要建构的文明模式。就是当今中国正在探求的可持续发展新模式。所以，中国可持续发展文明模式的建构成功，将为在"部分人类中心主义"世界观的支配下和在西方中心论的强权政治垄断下已失衡的文明世界树立新榜样。这种代表人类未来的、不同于西方的新文明模式。对于人类文明向着生态文明、均衡有序化、持续健康的地发展将起到重要作用。

3、中国生态文明建设需要世界和平与发展的外部环境，世界和平与发展也离不开中国的可持续发展

近300年来，已走向了世界的西方列强，为封闭、保守的东方世界强行注入一种新文明力量的同时，也为这个东方世界注入了一种征服自然的野蛮力。纵观世界的近代史。可以说，被西方中心模式所支配下的世界是一个文明与野蛮、血腥与辉煌、发达与贫困两权对立的失衡世界。到了21世纪中叶，占世界人1/5的中国强大之后，将会回赠给世界什么呢？难道强盛的中国会像当年的西方殖民者一样将野蛮回赠给世界吗？这正是西方一些帝有强权意志的人，以西方行为和思维方式进行思考所得出的荒谬结论。面对蓬勃发展的中国，炮制了一种所谓的"中国威胁论"。

一个民族对待世界和平的态度。并不能简单地归结为强大，而应该同该民族走向强盛的历史过程相联系。纵观近代人类史，可以发现西方民族走向强盛的过程，是一个技术上不断创新和殖民地不断扩张、文明发展和野蛮征服相混合的过程。20世纪80年代以来，冷战时代的结束，和平与发展新时代的到来，并不是世界霸权主义者出于和平的愿望回赠给人类的礼物。而全球恐怖主义的兴起，就是西方文明输出在当代的一个结果。将近现代西方昌盛的历史与中国曾经昌盛的一段历史加以比较，就更能深刻地理解中国与西方在对待世界和平与发展问题上所持态度的根本区别。早在1500午前，走向鼎盛的近代中国，不仅没有像古罗马帝国那样穷兵黩武地去征服其他民族。反而推行对外怀柔政策而出现了中国历史上各民族大融合的盛世。1000年之后。仍保持着古代文明强盛的明朝。从郑和的七下西洋以求"四夷顺则中国宁"和"同事太平之福"的目的来看，求天下万世太平、修邻邦永世之好的旷世胸怀和仁慈之德，当使15世纪后野蛮的西方殖民者相形见绌。

中华民族之所以是一个历史悠久、爱好和平、求天下太平的民族，是因为自秦始皇统一中国后，中华民族的文明史本身就是一部各民族和睦相处、共融统一的发展史。正是长期的稳定统一、太平盛世养育了中华民族的文明和文化，才使中华民族尤其拥有珍爱和平与统一的传统美德。

和平与发展的新时代是当代中国走向来来的历史前提。人口、资源与环境的瓶颈约束决定了中国既不可能像当初西方殖民者那样在征服、掠夺世界中走向鼎盛，

也不可能像古老中国那样在自我封闭系统中"实现超越"。和平与发展的新时代也同样决定了中国的强盛之路。只能是在中国与世界和平共处的原则下。互利互惠地共同发展。中国的生态文明建设需要一个和平与发展的良好国际环境，一贯崇尚和平的文明中国所实施的可持续发展战略也绝不会把一个污染地球带入共产主义。

第二节 生态文明的内涵及特点

一、生态文明的提出

众所周知，文明是人类在历史发展过程中创造的积极成果的总和，它标志着人类社会的进步程度和开化状态。在人类懂得钻木取火、打造石器、制弓狩猎等创造和使用工具开始，就进入了文明时代。在原始文明和农业文明时期，人类与自然界保持着和谐共处的关系，自然界为人类提供了物质的生存基础，人类也没有过多的对自然界造成破坏。进入工业文明时代后，在利益的驱动下，科学技术这把双刃剑，将人类与自然的和谐状态斩断得四分五裂。资产阶级在它的不到一百年的阶级统治中所创造的生产力，比过去一切世代创造的全部生产力还要多，还要大。但与此同时，工业文明给人类及其生存环境所造成的危害和挑战也远远超过过去所有世代造成的危害和挑战，甚至毫不夸张地说，已经到了威胁人类及其后续子孙生存的状态。

生态文明正是人类全面反思工业文明社会发展的利弊得失而提出的新思想。生态文明警示人类不要过分陶醉于工业文明及科学技术全面改造自然所取得的空前胜利，而要以高度自觉的生态意识，重视经济发展和生态环境保护之间的关系，实现经济的可持续发展。进而要建立和完善公正合理的社会制度，保障人与自然、人与社会、自然与社会的和谐，保障自然界权利受到充分尊重和生态文明社会的实现。生态文明就是要改变工业文明发展过程中的人类中心主义观念，改变以破坏自然环境作为代价来换取文明成果的生产方式，充分体现人文与自然的和谐发展，即不仅追求社会和经济的发展，而且追求生态平衡，从而形成一种人与自然协同进化、经济社会与生物圈协同进化的文明格局。可以看出，文明的进步和转折归根结底是人的进步和转变，因为一种新的文明形态的出现，总是需要诉诸人的努力和奋斗。生态文明对人的思维方式、发展方式、消费方式、伦理观念、审美关照等都提出了客观要求，这些客观要求已经在现实中使得生态文明呼之欲出。

目前世界环境问题的日益严峻，环境保护的现状不容乐观。人口膨胀、资源能源濒临枯竭、环境污染极度严重，酸雨、臭氧空洞、转基因产品、沙漠化等问题日益突出，人类正陷于自身制造的生存危机之中。从20世纪60年代末70年代初开始，西方世界内爆发了一场新的社会运动——生态运动。这场运动风起云涌，迅速扩展至全球，并引起了国际社会的广泛关注。1972年，联合国在瑞典首都斯德哥尔摩召开人类环境大会，这是世界各国政府共同讨论当前环境问题、探讨保护全球环境战略的第一次国际会议，是生态环境问题开始列入人类发展日程的标志。这次大会还首次讨论提出了"可持续发展"一词。1983年，联合国成立了世界环境与发展委员会，这个委员会于1987年向联合国提交了论证报告——《我们共同的未来》，比较系统地提出了可持续发展战略，标志着可持续发展观的正式诞生。1992年6月联合国在巴西里约热内卢召开联合国环境与发展大会，会议通过和签署了《里约热内卢环境与发展宣言》《21世纪议程》等重要文件，否定了工业革命以来形成的"高生产、高消费、高污染"的传统发展模式及"先污染、后治理"的发展路子，并使得可持续发展概念被会议普遍接受。

我国的生态文明建设事业起步于20世纪70年代。1972年我国政府派代表团参加了斯德哥尔摩人类环境会议，1973年在北京召开了第一次全国环境保护会议，1979年新中国第一部环境保护法—《中华人民共和国环境保护法试行》通过，1984年国务院成立了环境保护委员会，1993年全国人大常委会成立了环境资源委员会，1994年4月我国政府颁布了世界上第一个国家级的"21世纪行动计划"—《中国1世纪日程》。1996年，为进一步落实环境保护的基本国策，实施可持续发展战略，国务院作出了《关于环境保护若干问题的决定》。

2002年，中国正式加入WTO，开始在世界环境与贸易领域发挥建设性作用，2003年，中国共产党第十六届中央委员会第三次全体会议提出"坚持以人为本，树立全面、协调、可持续的科学发展观。"2005年，为全面落实科学发展观，国务院作出了《关于落实科学发展观加强环境保护的决定》，提出了遏制生态退化和加强环境保护的基本目标。2006年,《中华人民共和国国民经济和社会发展"十一五"纲要》明确提出"落实节约资源和保护环境基本国策，建设低投入、高产出，低消耗、少排放，能循环、可持续的国民经济体系和资源节约型、环境友好型社会。"

实践证明，人类必须开创一个新的文明形态来延续人类的生存，这就是生态文明。生态文明的提出大大拓展了人类文明的含义和内容，是人类开始为有效遏制生态危机和实现可持续发展的一次有益的伟大尝试。正是技术悲观论者对工业文明的反思以及对工业文明的价值观批判为生态文明观的提出奠定了哲学基础和价值观。生态文明观在理解人和自然关系时，把人作为自然的一员，主张生产和生活活动要遵循生态学原理，克服技术异化，给技术以生态价值取向，建立人与自然和谐相处、协调发展的关系，建立良好的生态环境同时，在资源增殖的基础上开放利用自然资源、发展经济，建立具有经济发展、环境保护、社会公正与稳定等基本功能的世界政治经济秩序，依靠不断发展的绿色科学技术，进行适度规模的社会生产消费，满足人的物质需求、精神需求和生态需求，从而提高人类整体生活素质，实现"自然—经济—社会"复合系统的永续利用。

目前我国经济现代化尚未全面实现，但出现了较为严重的生态环境问题。因此，中国需要同时完成现代化建设和生态文明建设的伟大历史任务，既要"补上工业文明的课"，又要"走好生态文明的路"。这是我国建设生态文明的基本背景，也是我国与传统工业化国家完全不同的历史境遇。这就决定了我国必须将生态文明建设与现代化建设并举，走一条新型的工业化和现代化发展道路，实现经济发展与环境保护的双赢，实现和谐社会理念在生态与经济发展方面的升华。

二、生态文明的内涵

1、文明的含义

文明一词有多种含义，但不管哪一种含义，文明都是与人类相关联的，反映了人类文化、历史和生存发展的脉络。文明有广义和狭义之分，从广义上看，文明是指文化，不仅是一种社会现象，也是一种历史现象，是人类社会历史发展的积淀物。

具体地说，文化是指一个国家或民族的历史、地理、风土人情、传统习俗、生活方式、文学艺术、行为规范、思维方式、价值观念等。在文化的创造与发展过程中，主体是人，客体是自然，而文化便是人与自然、主体与客体在实践中的对立统一物。文化的出发点是人类从事改造自然、改造社会的实践活动，进而也改造人类自身。也就是说，人通过实践活动创造了文化，同样文化也创造了人。因此，文化的实质性含义是"人化"或"人类化"，是人类主体通过社会实践活动，适应、利用、改造自然界客体而逐步实现自身价值观念的过程。上述关于文化的经典论述表征了文明是人类的产物，同时也与自然、环境、生态等息息相关，对于人类的物质和精神生活起着极其重要的作用。

在中国古代典籍中，文明早已广泛使用。《周易》里说"见龙在田，天下文明。"而唐代孔颖达注疏《尚书》时将"文明"解释为"经天纬地曰文，照临四方曰明。"清代李渔在《闲情偶寄》中讲"辟草昧而致文明。"上述所谓的文明，是指社会面貌的开化、进步和光明的状态。西方符合现代文明的概念来源于拉丁语的"Civitas"，意思是"公民的""有组织的"，与"城市"一词同根。英文、德文中的"文明"均是此意。著名英国历史学家汤因比，把世界历史视作一个文化系列，认为文明是一个文化的整个发展过程，每个文明都可划分为起源、生长、衰落、解体和灭亡五个阶段。而如果一个文明社会能够成功应对来自环境的挑战，那么它就有可能走向繁荣和发展，反之，则会导致衰落和灭亡。

在西方国家中，文明是人们的普通用语，使用较为广泛。在1964年出版的《英国大百科全书》中，文明是"包括语言、宗教、信仰、道德、艺术和人类思想与理想的表述。"在1961年出版的法国《世界百科全书》中，文明是指"开化的社会、社会的高度发达、文明事业"等。在1978年出版的《苏联大百科全书》中文明是指"社会发展、物质文化和精神文化的水平和程度。"简言之，文明是人类社会的开化程度和进步状态，是人类改造自然、改造社会和改造自我的结晶。尽管关于文明的含义众多，也不乏各自的道理。但这里的文明是从文化的角度出发，认为文明是人类社会文化发展进步的积极成果，是人类通过社会实践改造世界的物质和精神成果的总和，是人类社会进步程度的标志。

2、生态的含义

传统意义上，"生态"有三层含义，一是指显露美好的姿态。如"丹黄成叶，翠阴如黛。佳人采掇，动容生态。""目如秋水，脸似桃花，长短适中，举动生态，目中未见其二。"等都是此意。二是指生动的意态。如"隣鸡野哭如昨日，物色生态能几时。""依依旎旎、姗姗娟娟，生态真无比。"三是指生物的生理特性和生活习性。如"我曾经把一只虾养活了一个多月，观察过虾的生态。"现代意义上的"生态"一词源于古希腊语，最早的意思是房屋、家庭，也被称为"自然生态"，19 世纪中叶以来被赋予了现代科学意义，主要指生物之间、生物与环境之间的相互关系与存在状态，是动植物和自然物共同生存和发展的空间。自然生态有着自身客观的发展规律，人类不能游离于生态环境之外，而是将自然生态作为生存的载体，亦即人类存在和发展的自然环境，因而也受到人类社会的影响，随着人类社会的不断发展而变化。生态学的产生最早也是从研究生物个体而开始的。1869 年，德国生物学家海克尔最早提出生态学的概念，它是研究动植物及其环境间、动物与植物之间及其对生态系统的影响的一门学科。如今，生态学已经渗透到各个领域，"生态"一词涉及的范畴也越来越广，人们常常用"生态"来定义许多美好的事物，如健康的、美的、和谐的等事物均可冠以"生态"修饰。当然，不同文化背景的人对"生态"的定义会有所不同，多元的世界需要多元的文化，正如自然界的"生态"所追求的物种多样性一样，以此来维持生态系统的平衡发展。

3、生态文明的内涵

（1）学术界关于生态文明内涵的探讨

国内学术界对生态文明内涵的界定和研究，虽然目前还存在一定的争议，但大体可以从两个角度来看。一是从时间的角度来界定，认为生态文明是人类历史发展的必然产物，是对原始文明、农业文明、工业文明三个文明形态的总结和超越，主张人类要尊重自然，要与自然和谐相处。如北京大学徐春教授认为，生态文明是在工业文明已经取得的成果基础上用更文明的态度对待自然，不野蛮开发，不粗暴对待大自然，努力改善和优化人与自然的关系，认真保护和积极建设良好的生态环境。厦门大学卓越教授认为"生态文明是继原始文明、农业文明、工业文明之后人类社会发展的一个新的文明形态，意味着人类在处理人与自然的关系方面达到了一个更高的文明程度。"二是从要素的角度来界定，认为生态文明包含多种要素，是诸多文明要素的综合体。如中国地质大学尹成勇博士认为："生态文明即生态环境文明，是指人们在改造客观物质世界的同时，不断克服改造过程中的负面效应，积极改善人与自然、人与人的关系，建设有序的生态运行机制和良好的生态环境所取得的物质、精神、制度方面成果的总和。生态文明包括较强的生态意识、良好的生态环境、可持续的经济发展模式和完善的生态制度。"中国人民大学张云飞教授认为"按照唯物史观的社会结构理论，生态文明是一种与物质文明、政治文明和精神文明并列的文明形式，四者共同构成了社会的文明系统。"北京林业大学严耕教授认为："生态文明作为新兴的文明形态，以遵循自然规律为前提，以生态环境承载力为基础，以人与自然、人与人、人与社会和谐共生为宗旨，以倡导和谐观念和推行和谐生产生活方式为着眼点。"

中国生态道德教育促进会会长、北京大学生态文明研究中心主任陈寿朋教授在《略论生态文明建设》一文中指出："生态文明是人类在发展物质文明过程中保护和改善生态环境的成果，它表现为人与自然和谐程度的进步和人们生态文明观念的增强。"并且认为搞好生态文明建设，首先应搞清生态文明的基本内涵和生态文明建设的几个层面，为我们理解和认识生态文明提供了更清晰的思路。

首先，生态文明作为一种独立的文明形态，是一个具有丰富内涵的系统，可以分为四个层次第一个层次是意识文明，是要解决人们的哲学世界观、方法论与价值问题，从而指导人们的实践。生态文明意识主要包括树立人与自然同存共荣的自然观，建立经济、社会、自然相协调的可持续发展观和选择健康、适度消费的生活观。第二个层次是行为文明，是要人类应该改变过去那种高消费、高享受的消费观念与生活方式，以环境资源承载力为基础、以自然规律为准则，以实用节约为原则，以适度消费为特征，以满足人的基本生活需要为标准，崇尚精神和文化的享受，构建一个环境友好型社会。第三个层次是制度文明，用以规范与约束人们的生态文明行为。第四个层次是产业文明，是指生态产业的建设，它是生态文明建设的物质基础。

其次，生态文明建设，不同于传统意义上的污染控制和生态恢复，而是要避免工业文明的弊端，探索资源节约型、环境友好型发展道路的过程，是延伸到经济社会各个领域的思想意识建设和物化建设。从这一角度出发，生态文明建设包括以下几个层面：第一，生态文明建设的经济层面，包括第一、二、三产业和其他经济活动的"绿色化"、无害化以及生态环境保护产业化。因而，必须大力发展循环经济，实施清洁生产，增强环保产业的职业责任意识。第二，生态文明建设的政治层面，是指党和政府要重视生态问题，把解决生态问题、建设生态文明作为贯彻落实科学发展观和构建和谐社会的重要内容。因此，必须树立正确的发展观和生态观，加强生态法制建设，重视生态行政建设，推进生态民主建设。第三，生态文明建设的文化层面，是指一切文化活动及指导我们进行生态环境创造的一切思想、方法、组织、规划等意识和行为都必须符合生态文明建设的要求。因此，必须树立生态文化意识，注重生态道德教育，加强生态文化建设。第四，生态文明建设的社会层面，是指要重视和加强社会事业建设，推动人们生活方式的革新。因此，必须创造良好的社会生活环境，优化"人居"生活环境，实现人口良性发展，实现消费方式的生态化。

（2）生态文明的内涵

生态文明是由生态和文明两个概念构成的复合概念。基于以上对生态、文明和学术界关于生态文明概念的认识和理解，这里认为生态文明应该从狭义和广义两个方面来理解。

狭义来看，生态文明是文明的一个方面，是人类文明体系中不可或缺的一部分。生态文明与物质文明、政治文明、精神文明共同构成文明系统的体系，并且这四大文明互为条件，不可分割，协调发展，对立统一。在这四大文明系统中，生态文明是基础和根本。只有健康的生态文明，才有健康的物质文明、精神文明、政治文明。同时，物质文明、精神文明和政治文明也离不开生态文明，没有良好的生态条件，人类既不能有高度的物质享受，也不可能有高度的政治享受和精神享受。没有生态安全，人类自身就会陷入最深刻的生存危机。生态系统如果不能给人类持续地提供资源、能源和清洁的空气、水等生产生存要素，物质文明也就失去了持续发展的载体和基础，精神文明和政治文明内涵和价值也就无法全面持续发展和体现。

从广义来看，生态文明是一种文明形式，强调文明的程度，即"人类在处理与自然的关系时所达到的文明程度"。生态文明是指"人类遵循人、自然、社会和谐发展这一客观规律而取得的物质与精神成果的总和是指以人与自然、人与人、人与社会和谐共生、良性循环、全面发展、持续繁荣为基本宗旨的文化伦理形态。"从历史上看,生态文明是人类社会继原始文明、农业文明、工业文明后的新型文明形态。与工业文明相比,它以尊重和维护自然为前提,以人与自然、人与人、人与社会和谐共生、良胜循环、全面发展、持续繁荣为基本宗旨,以建立可持续的经济发展模式、健康合理的消费模式及和睦和谐的人际关系为主要内涵,倡导人的自觉与自律,倡导人与自然环境的相互依存、相互促进、共处共融,追求人与自然协调发展的行为准则,致力于建立健康有序的生态机制,实现经济、社会、自然环境的可持续发展。总之,生态文明是人类在长期的发展过程中不断总结经验,反思工业文明的缺陷,应对环境和生态恶化提出的有利于可持续发展的战略目标,涉及物质、精神、政治等各个领域,是人类取得的物质、精神、制度成果的总和。

通过我们对生态文明的上述解读,这里将主要在广义的生态文明范畴中展开讨论,即生态文明是人类存在的基本形式之一,它涵盖了人与人的关系、人与自然的关系,与物质文明、精神文明和政治文明紧密相连,是涉及人类生存、生活甚至生命一种精神追求和价值关怀。在人类漫长的历史长河中,生态文明的发展历经漫长的岁月。就全球而言,生态文明也是刚刚萌芽,但其建设的重要性和必然性都得到了各国政府的充分重视。一些发达国家在生态文明的物质建设方面已取得了较快的发展,另一些国家在思想认识、价值观上也有了可喜的进展,如我国政府已认识到生态文明建设的重要性和必要性,把"建设生态文明"提到兴国之本、强国之基、富民之策的高度上来认识。工业文明已从兴盛走向衰亡,完成了它的历史使命,生态文明将逐渐取代工业文明,成为未来社会的主要文明形态。

三、生态文明的特点

目前,人类正在从工业文明向生态文明转型和过渡。生态文明已经成为我国经济、社会、文化、环境等领域内具有共同指导作用的一个重要治国理念。认识和分析生态文明的主要特点,对于顺利实现生态文明的目标,对于逐步纠正一切不符合生态文明要求的思想观念和政策制度,具有重要意义。

1、生态文明的自律调节性

与以往的农业文明、工业文明一样，生态文明也是要以发展物质生产力为基础，以提高人们的物质生活水平为目的的。区别在于，生态文明强调要按照生态环境的客观规律改造和利用自然，尊重和保护自然环境。生态问题的根源在于人类自身，在于人类的活动与发展。这一切都要求，在处理人与自然的关系中关键在于人，在于人有没有生态文明意识，在于人能不能自觉地进行生态环境保护。而生态文明就是要求人类要进行自律，要主动修正和调整自己的错误，改善与自然的关系，节制人类自身的欲望。只有尊重自然、爱护生态环境、遵循自然发展规律，才能实现人与自然界的协调发展。

2、生态文明的和谐公平性

生态文明旨在于增进和谐，和谐意味着和睦相处，和平共生。生态文明是人与自然、人与人、人与社会和谐共生的文化伦理形态，是和谐发展客观规律而取得的物质与精神成果，人与自然的和谐是自然环境的福祉，更是人类自己包括子孙后代的福祉。这也就充分体现了人与自然之间的公平、当代人之间的公平、当代人与后代人之间的公平。尤其是当代人不能肆意挥霍资源、践踏环境，必须留给子孙后代留下一个生态良好、可持续发展的环境与地球。

3、生态文明的全面可持续性

马克思指出："人靠自然界生活。这就是说，自然界是人为了不致死亡而必须与之处于持续不断地交互作用过程的、人的身体。所谓人的肉体生活和精神生活同自然界相联系，不外是说自然界同自身相联系，因为人是自然界的一部分。"这就是说，人类与自然是一个统一的整体。"生态文明是保障可持续性发展的关键，没有可持续的生态环境就没有人类的可持续发展，保护生态就是保护可持续发展能力，改善生态就是提高可持续发展能力。只有坚持搞好生态文明建设，才能有效应对全球化带来的新挑战，实现经济社会的可持续发展。"只有实现生态文明，才能使人口、环境与社会生产力协调发展，使经济建设与资源、环境循环发展，保证世世代代永续发展。

4、生态文明的整体多样性

地球是一个有机系统，其中的有机物、无机物、气候、生产者、消费者之间时时刻刻都存在着物质、能量、信息的交换。因此，生态问题往往也是全球性的，生态文明要求我们要有全球的眼光，从整体的角度来考虑问题。另外，生态文明与物质文明、精神文明和政治文明也是密不可分的统一整体。多样性是自然生态系统内在丰富性的外在表现，在人与自然的关系中，一定要承认并尊重、保护生态的多样性。强调人、自然、社会的多样性存在，强调人与自然公平，物种间的公平，承认地球每个物种都有其存在的价值。在生态文明建设中，要始终以一种宽阔的胸怀和眼光关怀自然界中的万事万物，保护自然界本身的丰富性和多样性。

第三节 生态文明建设的理论来源

中国公民的生态环境教育以什么样的理论作为基础，将直接影响到生态文明意识培育的方向及目标的实现。在这里，我们将通过对中国古代朴素的生态文明思想、马克思主义生态文明思想和马克思主义中国化的最新理论成果科学发展观等相关环境保护理论的介绍和分析，对这个重要问题做出回答。

一、中国古代朴素的生态文明意识

生态环境是人类赖以生存和发展的基础。中国古代生态思想源于农耕文明，在旧石器的采集、狩猎期产生了生态思想萌芽，从新石器时代以来就进入了农耕文明，农耕文明则促使生态思想由萌芽走向人类生态学思想的逐步形成。在中华传统文化中，人与自然环境的关系被普遍确认为"天人关系"。关于这一与环境保护紧密联系的哲学命题，各家学说提出了一系列关于尊重生命、保护环境的思想，其中以儒、道、佛三家最为丰富和精辟。更难能可贵的是，我国古代的这些经典论述大多都在实践中得到了很好的应用，从根本上培育和形成了我国民众敬畏自然、爱护环境的朴素生态文明意识，从而在不同历史时期为生态环境的保护作出了巨大贡献，为我们今天建设生态文明和培育公民的生态文明意识提供了不可多得的宝贵思想来源。

（一）中国古代朴素的生态文明意识

1、道家生态文明思想

"顺应自然"的天人观是道家生态伦理思想的理论基础。道家认为人与万物都属于大自然的存在物，人不能超出天道即自然法则而生存，人道必须顺应天道，人要遵循自然法则，所以主张人与自然有同等的价值，要和谐相处。"辅万物之自然而不敢为"，内在地包含了人类的道德行为，道德法则也应遵循自然法则，效法天地自然，遵循自然界的规律。老子既没有把天道奉为与人对立的至尊权威，也没有把人贬为天道的附属物。人是社会经济活动的出发点和归宿，但为了满足自己的欲求，其需要保护资源和环境。他认为"道大，天大，地大，人亦大。域中有四大，而人居其一焉。"为此，老子要求人们要有较高的自然意识，要在生产生活过程中发挥主体能动作用，自觉地控制自己对于自己界的行为欲求，从而避免因一味追求自身欲望的满足而过度开发利用资源。此外，道家主张的"无为"的处事态度是达到人与自然和谐的途径，即人类的行为应遵循"自然无为"的境界，顺应自然方能"无为而无不为"。这里老子的"无为"并不是消极地不作为，而是指顺其自然而不加以人为的意思。否则，人类违背自然规律的活动会引起自然秩序的混乱。

在处理天与人的关系上，要保持人与自然和谐相处而不违反自然规律，人类必须做到知足不辱、知止不殆。道家认为人类要"知足"，崇尚节俭、知道满足，才符合自然规律不知足，过度追求物质欲望的满足，就会对人以外的事物无度地索取，就会出现环境问题。老子强调"祸莫大于不知足，咎莫大于欲得，故知足之足，常足矣。"在这里老子认为，人世间最大的祸患莫过于不满足，最大的罪过莫过于贪得无厌。因此，我们不能放纵自己的欲望，任何的事情都要适可而止，把握一定的尺度，这样才能得到满足。因此，道家反对对自然的无节制的掠夺，要求人们合理地利用自然资源，不要改变自然法则和自然本身的和谐秩序，以达到一种人与自然本体合一的生存理想和生存境界。

"道法自然"是道家生态观的核心思想和根本看法。老庄作为道家的经典代表人物，他们把"道"作为万物的本源和基础。认为"道生一，一生二，二生三，三生万物。"这样道家用联系的观点将包括人在内的万事万物统一于自然，建立了万事万物平等相处的观念。这就必然反对人类妄自尊大、以自己为中心，把大自然当成自己的征服对象的态度，反对人类仅为一己之需而掠夺自然的做法。老子说"人法地，地法天，天法道，道法自然。"这指的是"道"按照自然法则独立运行，而宇宙万物皆有超越人主观意志的运行规律。这就是说，宇宙万物的生成源自于自然，演化的动力来源于自然，相互联系而统一于自然，人类社会存在于自然界，并与自然界不可分割。《老子》以"道法自然"为最高准则构建了一幅自然、人类、社会和谐相处的理想境界。这就告诫人类，应该平等的看待和万事万物的地位，建立和自然平等的关系，依循"道"的自然本性，懂得尊重自然、爱惜自然，实现人与自然和谐相处。

道家强调顺应阴阳造化本性，这点上与儒家有异曲同工之妙。道家的最高信仰是道，并认为"道"永恒内在于万事万物的变易中，是化育万物的本源。在庄子看来，人和自然万物都是元气所化"盈天下一气尔""天地与我并生，而万物与我同一。"因此，人只有听命和顺应自然造化之道，才能达到与自然万物和谐发展的最佳状态。在具体的理念和行动上，道家主张"重生""贵德"，要求人按照道的性质对待自然、社会和人生，顺应自然万物发展的客观规律，做到清静无为、崇尚自然、简约素朴、慈俭不争、利命保生。这些思想强调的是人与自然关系中的核心问题，也是人与自然和谐发展的法则。道家的这些思想奠定了中国道家两千多年生存智慧的基础，是中国古代生态文明思想的重要组成部分。

2、儒家生态文明思想

儒家思想是中国传统文化的主流。在生态文明思想中，儒家与道家有共同之处，都认为人作为自然界的一部分，应顺从、友善的对待自然，以求人与自然和谐共处。与道家以天道为出发点论述天人的关系不同，儒家把天道看做是人道，注重以人道行天道，把人际道德规范推及到人与物的道德关系上，认为人比自然更能自觉、自主地调整自己的行为，强调人类在参与和改造自然界中的能动性，从而保持、维护人与自然的和谐。但是，人应该按照自然规律积极地改造和利用自然，从而促进万物的生长，达到人与天地共生共存。这些都表现出儒家按照自然规律利用自然资源的生态伦理追求。

"天人合一"思想强调的是人与自然的协调，其理论基础就是把整个世界看成是一个大系统，人与自然共处在这个宇宙大系统之中。但是，由于人们无保留地开发自然，无节制地消费、享受自然物质，人与自然之间的关系变得高度紧张起来。儒家主张"天人合一"，其本质是主客合一，肯定人与自然界的统一，所谓"天地变化，圣人效之""与天地相似，故不违。知周乎万物，而道济天下，故不过"，儒家肯定天地万物的内在价值，主张以仁爱之心对待自然，体现了以人为本的价值取向和人文精神。儒家认为，"仁者以天地万物为一体"，一荣俱荣，一损俱损。因此，人与自然万物是平等和谐的，必须尊重自然，尊重自然界中的其他生命。在实现天人合一的方式中，孟子以"诚"作为出发点，视"诚"为天的本性，是天地万物存在的根本。《礼记·中庸》也说："诚者，物之终始，不诚无物"，就是要求以"诚"这一道德修养实现"天人合一"。"天人合一"思想的另外一层含义就是人本思想，从生态学观点看，这是典型的人类生态学观点。人类生态学是研究人的衣食住的过程与环境的相互关系的生态科学的分支。古代中国社会发展生产力主要是解决衣食住为主，可见当时的人本思想与人类生态学的研究内容是不谋而合的。孔子对"天"的解释就是立足于人的产生。他说，天何言哉，四时行焉，万物生焉。他把天和时间联系起来，世间万物皆"天"所生，天是自然界，可见"天人合一"有比较深刻的人类生态学思想的萌芽，即人是天地生成的，人与天的关系是个别与一般、部分与整体的关系。人与万物既然都是天地所生，他们是共生共处的关系，当然应该和睦相处。"天人合一"既是中国传统文化中的宇宙观，又是社会法则和人生理想，是中国古代先贤们对于天人关系这一根本问题的思考，究其理论实质而言，是关于人与自然或者说是自然界和精神的统一问题，对中国生态文明建设具有重要的理论意义。

在具体的生态环境保护方面，儒家提出了保护山林资源、动物资源、水资源、土地、环境管理等措施。在对待山林资源的态度上，儒家强调要注意保护山林资源，要实现山林资源的持续存在和永续利用。与此同时，儒家也意识到"破坏山林资源可能给人类自身带来的不良生态后果，并概括提炼出一个具有普遍意义的生态学法则物养互相长消的法则。孟子认为："牛山之木尝美矣，以其郊于大国也，斧斤伐之，可以为美乎？是其日夜之所息，雨露之所润，非无萌蘖之生焉，牛羊又从而牧之。是以若彼濯濯也，人见其濯濯也，以为未尝有材焉，此岂山之性也哉……故苟得其养，无物不长苟失其养，无物不消"。儒家看到了山林树木的巨大价值，包括山林树木对于鸟兽栖息地的价值，山林树木对于净化环境的作用，儒家认为，山林作为鸟兽的栖息之地，"山林茂而禽兽归之"，"树成荫而众鸟息焉"，"山林险则鸟兽去之"。不仅如此，更重要的是儒家特别注重山林树木对人类的价值，提出"斧斤以时入山林，林木不可胜用也"。尽管儒家的这些主张是从政治和经济的角度考虑，但却在客观上促进了生态环境的保护和自然资源永续利用，促进了民众环境意识的觉醒和对自然环境的保护。

儒家强调顺应阴阳造化本性，突出宇宙"生"的品德。在人类生存的地球上，万事万物都在按照自身的规律发展，彼此之间平等共处。因此，正如《周易》所一言："天地之大德曰生"，即天地之间最伟大的道德是爱护生命。孟子要求"尽心""知性""知天"，以达到"上下与天地同流"的境界。"尽其心者，知其性也。知其性，则知天矣。"这就把"人"与"天"看作是相通而整合的统一体，人性与天道是相通的，是统一的，因此天人合一。无独有偶，《礼记·中庸》也表达了同样的意思"唯天下至诚，为能尽其性。能尽其性，则能尽人之性。能尽人之性，则能尽物之性。能尽物之性，则可以赞天地之化育。可以赞天地之化育，则可以与天地参矣。"上述思想概括而论，儒家是从天人关系即人与自然的关系出发阐释人对于宇宙的一种态度和人的一种精神境界。"天人合一"要说明的是人和自然之间存在着一种内在关系，人们应当把二者的关系统一起来考虑，不能只考虑一方面，而忽视另一方面。儒家的"天人合一"，追求的是人与自然和谐的观念，它不把人和自然看成是对立的，而是把人看成是自然和谐整体的一部分。

3、佛教生态文明思想

作为中国传统文化重要组成部分的中国佛教思想，其中包含着非常丰富的生态伦理思想。李约瑟曾经说过"西方的文化总体讲是征服自然的文化，这种文化必然导致人与自然的冲突与对立，而东方特别是中国传统文化中的佛教文化恰恰强调的是人与自然和谐的文化。因此，要想使人与自然真正和谐，就必须要用东方中国传统文化，特别是佛教文化来缓解西方的征服文化。"因此，我们有必要探讨中国的佛教思想对于当代生态文化建设的价值。

"法"是佛教的最高范畴和最高真理，也是佛教生态思想的根本。佛教认为，"法"贯穿于宇宙和人的生命之中，所有生命都归于"生命之法"的体系内，个人生命与宇宙生命是一个统一体，是宇宙生命的个体化和个性化。在佛教看来，"众生即佛"，"万类之中个个是佛"，也就是说，一切就是众生，众生都有佛性，都可以成佛。佛教从这一基本原则出发，在具体的实践环节，不仅制定了"不杀生"的戒律，主张善待万物和尊重一切生命，而且这种善待万物的观念集中表现在佛教普度众生的慈悲情环上，要求对所有的生命大慈大悲，对所有的生命都应给以保护和珍惜。这是关于人与自然关系思想的至高追求，也是佛教生态伦理思想的核心和精华所在。由此看来，自然界本身就是维系独立生存的生命的存在。这就是佛学"依正不二"原理，即生命之体与自然环境是一个密不可分的有机整体，人类只有和自然融合，才一能共存和获益。在今天看来，佛教信仰虽然带有宗教神秘的内容，不能从根本上解决人类面临的生态危机，但它所主张的对生命的至高尊重，对于我们今天更好地保护生态环境和进行生态文明建设具有积极的意义。

慈悲是佛教的根本，也是佛教生态伦理思想的基本价值取向。佛教的慈悲与基督教中的博爱，以及中国传统文化中的仁爱有着很大的相通之处，在一定意义上来说，它比基督教博爱、儒家仁爱更深刻、更彻底。佛教所倡导的爱是建立在宇宙整体论基础上的万物平等的爱，并且将这种爱扩展到人与人之外的自然界。同样，佛教的慈悲不仅指人类对人自身的态度，而且将这种慈悲扩展到了自然界。从中我们可以看出，佛教的慈悲精神表达了佛教生态关怀的深层理念，并由此衍生出戒杀、放生的律条以及食素等生活方式。佛教提倡这种思想一方面是要以此来规范人们的行为，另一方面使生态伦理思想有具体的落脚点，以便能更好地指导人们的行为。

佛教主张众生平等。佛教将世间众生分为有情众生和无情众生，人与动物等属于有情众生，植物乃至宇宙山河大地属于无情众生。《大般涅槃经·如来性品》说"一切众生，悉有佛性"，"佛性又称心性、法性、如来藏、真如等"《大乘玄论》

中说"不但众生有佛性，草木亦有佛性"。佛性是一切事物都具有的内在规定性，这种规定性在任何事物中都是一致的，因而对有情众生、特别是人类来讲与无情众生是平等的，其存在的意义、生命的价值是不能有高下之分。因此，人类应该平等地对待宇宙中的一切生命及其存在，尊重和爱护他们，和他们和谐相处。

中国古代传统文化中有着丰富的生态文明思想，这其中以道、儒、佛三家最为耀眼。在此我们以这三家为代表，并对其生态思想作以简述，以期从中发现其对我们今天生态文明社会建设的价值。从上述的分析中，我们可以看出，尽管道、儒、佛三家的生态思想产生于遥远的古代，但是具有强烈的时代价值，是我们建设社会主义生态文明的重要思想来源，成为中国公民生态文明意识培育的理论来源之一。这对于全体公民树立人类与自然和谐相处的整体意识，增强生态文明意识具有极大的现实意义。

（二）中国古代朴素生态文明意识的当代启示

中国古代朴素生态文明思想无论其内容的丰富性，还是思想的深刻性，在世界上都是独一无二，也是最璀璨夺目的。其实，数千年来中国文化和哲学有两个对当今思想产生重大影响的主题与自然和谐发展以及对家庭的承诺。中国的传统和哲学与可持续发展社会的现代化观念是一致的，即在不损害子孙后代可能的选择和自然环境健康的清况下满足现代人的需要。以致现代西方人纷纷到中国古代的"天人合一"观中去寻找解决人与自然关系的答案。作为中国人，我们更应该好好利用老祖宗留下了的这笔宝贵遗产，为构建中国特色社会主义生态文明发挥作用。

人与自然应该和谐相处，"天人合一"的思想是最早由庄子阐述，后成为两千年来儒家思想的一个重要观点，并由此构建了中国传统文化的主体。无论是道家主张的人与天地万物的同源性，还是儒家主张的人与自然的整体性，以及佛教主张的生命具有平等性，中国古代朴素生态文明思想都强调人与自然是一体，不可分割，人与自然应和谐统一。这与西方生态伦理思想中的人类中心主义把人与自然对立起来的观点形成鲜明对比，也决定了两者在实践方式上的完全不同。"天人合一"思想的实质是主张将人与自然万物看做一个统一的和谐整体，在处理人与自然的关系中，既要在改造自然和利用自然过程中发挥人的主观能动性，又要在尊重自然界的客观规律的基础上进行人类的生产活动。从而建立起一种人与自然共存共荣、和谐发展的关系。这也是现代社会生态文明建设的首要价值归旨。

人类应该尊重生命万物。在先秦典籍中，有禹将害人之蛇，即龙，不是"杀之而后快，而是驱而放之菹"的记载，意思是说将其放生在它们本应该生活的地方，达到"鸟兽之害人者消"的目的。这充分表明了禹对天下生灵的爱护，而先人们对禹行为的赞赏，则折射出先人们尊重生命的伦理思想。事实上，在我国古代典籍中不乏此类思想。老子说"生之畜之，生而不有，为而不恃，长而不宰"，这就是说意为繁殖生长万物而不据为己有，养育万物而自己无所仗恃，统领万物而不主宰它们。而孟子主张从伦理心态上调整对待万物的态度。《孟子·梁惠王上》云："君子之于禽兽也，见其生，不忍见其死闻其声，不忍食其肉。"孟子非常注重一个"养"字，提倡人心要养，对自然资源也要养。《孟子·告子上》载"苟得其养，无物不长苟失其养，无物不消。""亲亲而仁民，仁民而爱物"，就是说人不仅要爱护自己的同胞，而且要扩展到爱护自然环境，珍惜自然资源。人类必须爱护并尊重世间万物，应该欣赏地球上的一切事物，欣赏并感恩它们给人类带来的物质载体和精神食粮，至少不去伤害任何众生。

人类应该遵循自然规律，维护生态平衡，使自然资源得以永续利用。作为农业文明较为发达的中国，自古就非常重视土地的养护，提出了遵照自然规律种地与养地，保持土地持久肥力的具体措施。早在周代，人们就提出"早春三月，山林不登斧，以成草木之长。夏三月，川泽不入网罟，以成鱼鳖之长"。《吕氏春秋》中就提出"地可使肥，又可使棘"的土壤肥力辩证观。古人还认识到生产发展与生态环境之间存在的相互消长的关系，主张适度开发自然资源。荀子指出"圣王之制也，草本荣华滋硕之时，则斧斤不入山林，不夭其生，不绝其长也春耕、夏耘、秋收、冬藏，四者不失时，故五谷不绝，而百姓有余食也池渊沼川泽，谨其时禁，故鱼鳖尤多而百姓有余用也斩伐养长不失其时，故山林不童而百姓有余材也。"孟子认为"数罟不入污池，鱼鳖不可胜食也；斧斤以时入山林，林木不可胜用也。"这些主张都充分体现了遵循自然规律，正确处理人与自然关系的生态文明思想。

另外，中国古代朴素的生态思想放眼人类发展的历史长河，高瞻远瞩，提出了要保持资源再生能力的生态思想，反对采取灭绝性的方式开发利用生物资源。"孕育不得杀，壳卵不得采，鱼不长尺不得取，鼠不其年不得食。""竭泽而渔，岂不获得，而明年无鱼，焚薮而田，岂不获得，而明年无兽。"这些颇有见地的思想主张，从不同层面体现出了保护生态环境、维护生态平衡和实现自然资源永续利用的生态文明思想，是我国生态文明和公民生态文明意识培育的强大思想渊源和基础。

二、马克思恩格斯生态文明思想

1995 年在法国巴黎召开的"国际马克思大会"之匆上，学者们对马克思著作中的生态思想给予了充分肯定，并认为马克思既是一个生态哲学家，也是一个社会生态学家。在马克思的著作中有着丰富的生态思想，马克思不仅强调要通过生产实践的方式去达到人与自然界的和谐，也认为生态危机是社会危机的表面折射，只有消除社会的异化现象，才有可能消除自然的异化现象。20 世纪初，西方的马克思主义者面对当时的社会状况，力图在深入研究马克思主义经典著作的基础上，寻找解决社会危机和生态危机的办法

在马克思恩格斯的许多著作中，有着丰富的生态文明观的思想内容，如。《1844年经济哲学手稿》《德意志意识形态》《哥达纲领批判》等著作，恩格斯的《自然辩证法》更是专门对人与自然的关系进行了大量的阐述。《马克思恩格斯论环境》一书高度概括了马克思恩格斯生态文明思想的主要观念，包括第一，尊重自然规律是人类活动的前提。第二，人与自然的关系具有双重性。第三，在人与自然关系上坚持主体性原则。第四，人与自然的关系是物质变换的关系。第五，协调人与自然的关系是人类的使命。在这里我们将从马克思主义生态文明思想的具体内容、价值取向及其对于公民生态环境教育的理论意义等几个方面进行探讨。

（一）马克思恩格斯生态思想的基本内容

马克思恩格斯生态思想是在批判和继承德国古典哲学的基础上，在深入思考和揭露资本主义生产方式弊端的过程中形成的。马克思恩格斯主要围绕生态问题的核心内容，生态危机出现的原因以及摆脱生态危机的最终出路等方面作了深入剖析，这一思想成果内容丰富，博大精深，为人类社会的长远发展勾画出了蓝图，是中国

进行生态文明建设的理论基础。

1、马克思恩格斯生态思想的核心

人与自然的相互关系是马克思恩格斯生态思想的核心。马克思恩格斯认为，生态问题的核心就是人与自然的相互关系，即人与自然和谐共生、良胜循环、辩证统一。首先，自然界先于人和人的意识而存在，人本身是自然界的产物，是在自己所处的环境中并且和这个环境一起发展起来的。即使在人类产生之后，自然界的存在与发展也不依赖于人的意识，人只是自然界的一部分。其次，自然界是人类实践活动的对象，人通过劳动改造自然，人类也要依靠科学技术来处理、调整人与自然的关系，实现人与自然的可持续发展。恩格斯反对将自然界看做敌人的态度，认为："我们必须时时记住我们统治自然界，决不象征服者统治异民族一样，决不象站在自然界以外的人一样，一相反地，我们连同我们的肉、血和头脑都是属于自然界，存在于自然界的我们对自然界的整个统治，是在于我们比其他一切动物强，能够认识和正确运用自然规律。"这就强调了人类应该树立人与自然休戚相关、生死相依的生态意识，与自然和谐相处。再次，人与自然的相互协调是人类生存与发展的重要保证。恩格斯通过列举美索不达米亚、希腊和小亚细亚以及其他各地居民毁灭自然遭致人自身毁灭的历史事实，说明人对自然的不恰当干预行为会引起自然界的强大反作用，从而招致严重后果。鉴于人与自然交往中的众多历史教训，恩格斯告诫人们："我们不要过分陶醉于我们对自然界的胜利。对于每一次这样的胜利，自然界都报复了我们。每一次胜利，在第一步都确实取得了我们预期的结果，但是在第二步和第三步却有了完全不同的、出乎预料的影响，常常把第一个结果又取消了。"所以，人与自然之间的交互作用和互动关系，内在地要求人与自然共同进化、协调发展。人们必须承认自然的客观性，认识到自身和自然界的一致，摒弃那种把精神和物质、人类和自然、灵魂和肉体对立起来的荒谬的、反自然的观点，尊重自然，顺应自然，保护自然，学会与自然和谐相处，才能实现人类同自然的和解。我们可以看出，人与自然的关系问题是马克思恩格斯重点论述的核心内容，这不仅使我们认识到保护环境和生态文明建设的重要性，同时也为中国特色社会主义生态文明建设提供了理论依据。

2、马克思恩格斯关于生态危机的归因

资本主义制度是造成生态危机和阻碍生态文明建设的根本原因。找出生态危机造成的原因是能否对症下药地解决生态危机的关键。马克思恩格斯从制度的高度考察分析认为，生态问题不仅是个社会问题，同时也是个政治问题，从而准确地找到了造成生态危机的万恶魁首——资本主义制度，把人的全面解放与社会的解放、自然的解放从根本上统一了起来。恩格斯指出："单是依靠认识是不够的。这还需要对我们现有的生产方式，以及和这种生产方式连在一起的我们今天的整个社会制度实行完全的变革。"他认为，资本主义制度是阻碍生态文明的根本原因，因为资本主义制度的生产方式决定了要最大限度地追求利润，根本不会估计生态环境的恶化、资源的浪费和经济社会发展的失衡，从而必然对自然环境进行破坏，使人类与自然生态之间的矛盾发展到了"两极对立"的程度。正如马克思所说的："只有在资本主义制度下自然界才不过是人的对象，不过是有用物。它不再被认为是自为的力量，而对自然界的独立规律的理论认识本身不过表现为狡猾，其目的是使自然界不管是作为消费品，还是作为生产资料服从于人的需要。"马克思还描述了资本主义生产对土地资源的破坏过程，即"资本主义生产使它汇集在各大中心的城市人口越来越占优势，这样一来，它一方面聚集着社会的历史动力，另一方面又破坏着人和土地之间的物质变换，也就是使人以衣食形式消费掉的土地的组成部分不能回到土地，从而破坏土地持久肥力的永恒的自然条件。"因此，资本主义生产发展了社会生产过程的技术和结合，只是由于它同时破坏了一切财富的源泉—土地和工人。所以，资本主义的生产方式必然要酿成生态危机，只有对资本主义制度进行彻底的变革，用公有制代替私有制，才能从根本上消除人与自然的紧张关系。

3、马克思恩格斯关于摆脱生态危机困境的最终出路

生态危机发生后，如何消除生态危机便成为人们关注的中心问题。马克思恩格斯在深刻分析人与自然关系的基础上，一方面明确指出了资本主义制度对生态文明发展的阻碍作用，另一方面也探讨了人类摆脱生态危机的困境问题。马克思恩格斯指出，共产主义制度是人类解决生态危机的最终出路，只有用社会主义制度取代资本主义制度，用社会主义生产方式取代资本主义生产方式，消灭产生生态危机的根

源，才能真正实现生态文明。

资本主义生产方式的弊端是和人类社会的长远发展背道而驰的，是导致生态危机和资本主义灭亡的根本原因，要最终解决生态危机，只有在共产主义制度下才能做到。首先，共产主义社会将消除生态危机，实现自然界的"真正复活"。马克思关于共产主义的系统论述最早出现在《1844 年经济学哲学手稿》中，从一开始他就对资本主义造成的异化进行猛烈批判，并表现出对新的进步的社会形态——共产主义社会消除各种危机的信心，他指出："只有在这些社会联系和社会关系的范围内，才会有他们对自然界的关系，才能实现生态环境的良性发展，才是人同自然界的完成了的本质的统一，是自然界的真正复活，是人的实现了的自然主义和自然界的实现了的人道主义"。其次，共产主义社会生态环境保护将成为每个社会成员"生活的第一需要"。马克思 1875 年 4—5 月初在《哥达纲领批判》中指出，在共产主义社会高级阶段上，劳动已经不仅是谋生的手段，而成为生活的第一需要。也就是说，在共产主义社会每个社会成员都是有高度共产主义觉悟的劳动者，同样人们对于生态环境保护的自觉性和积极性将得到极大提高，也将成为人的第一需要。再次，共产主义社会人与自然的物质变换将更加合理化。马克思指出，在共产主义社会里，社会化的人，联合起来的生产者，将合理地调节他们和自然之间的物质变换，把它置于他们的共同控制之下，而不让它作为盲目的力量来统治自己靠消耗最小的力量，在最无愧于和最适合于他们的人类本性的条件下来进行这种物质变换。总之，在人类进入共产主义社会后，将克服资本主义社会的一切弊端，自觉地从根本上消除生态危机，实现生态文明。

（二）马克思恩格斯生态思想的价值取向

人文关怀是马克思恩格斯生态思想的一个基本价值取向，整个马克思主义自创立开始就贯穿和体现着一种人文关怀精神。在《1844 年经济学哲学手稿》《德意志意识形态》《资本论》和《人类学笔记》等一系列原著中，无不包含着对人性的赞美，对人的尊严、价值和权利的肯定，对人的解放和人的全面发展的关注，充满着人文关怀的思维导向。

1、马克思恩格斯生态思想的人文关怀内涵

人文关怀实质上是一种人文精神的体现，是指对人自身的存在和发展的关注、探索和解答，包括对人的生存状况的关注，对人的尊重和精神生活的关心，对人的主动性和创造性的激发，以及对促进人的自由全面发展这一终极目标和价值的追求等。马克思的一生都在为人类的解放事业而工作和努力，这从本质上来说就是一种对人类命运和发展方向的仁爱胸怀。在其所构建的整个理论体系中始终贯穿着人文关怀的主线。在《1844年经济学哲学手稿》中，马克思站在劳动、生产实践的基点上，通过对异化劳动和人的异化的深入探讨来关注现实人的生存境遇与发展命运，显示了其对人的问题的真正的关注，表现出了切实的人文关怀。在《德意志意识形态》中，马克思认为全部社会生活的本质是实践，并指出："凡是把理论引向神秘主义的神秘东西，都能在人的实践中以及对这个实践的理解中得到合理的解决"，从而强烈谴责在资本主义制度下把人贬低为一种创造财富的力量的行为，对受剥削的无产阶级群众给予了极大人文关怀。从这一理论品质出发，马克思全面透析了人的解放问题，只有在现实的世界中并使用现实的手段才能实现真正的解放，没有蒸汽机和珍妮走锭精纺机就不能消灭奴隶制；没有改良的农业就不能消灭农奴制；当人们还不能使自己的吃喝住穿在质和量方面得到充分供应的时候，人们就根本不能获得解放。解放是一种历史活动，而不是思想活动"。正是基于对人及人的解放的这种现实的理解，从而进一步揭示了社会发展的一般规律，创立了唯物史观，建立他关于人类社会未来的理论。

马克思在《资本论》中提出了"人的发展三阶段"的理论，认为就其一般意义来说，人的解放包括人从自然界和社会关系中获得自由这两方面的含义。在自然经济状态下，自然环境的状况决定了经济的规模和类型，人必须依赖于自然环境。在商品经济时代，人对自然的掠夺达到了前所未有的程度，自然环境遭到极大破坏，开始威胁到人类的生存与发展。因此，他公开宣称："任何一种解放都应把人的世界和人的关系还给人自己"。只有到了共产主义社会，人类才可能真正的解放，人与自然的矛盾才能得到真正的解决。

由此可见，马克思把人的解放、人的发展与社会的发展、自然的解放联系起来，视社会的解放、自然的解放为人的解放的前提条件，表达了强烈的人文关怀取向。人直接地是自然存在物。人作为自然存在物，而且作为有生命的自然存在物，一方面具有自然力、生命力，是能动的自然存在物，这些力量作为天赋和才能、作为欲望存在于人身上另一方面，人作为自然的、肉体的、感性的、对象性的存在物，同动植物一样，是受动的、受制约的和受限制的存在物。马克思恩格斯生态思想中所体现出的人文关怀，其实质和精髓就是要求一切社会历史活动尤其是社会治理理念和措施，都必须以满足广大人民群众的生产和发展需要为根本出发点和归宿，必须有利于人民群众实现其全面发展。

2、马克思恩格斯生态思想人文关怀维度的本质特征

第一，人的存在性及价值是马克思恩格斯生态思想人文关怀维度首要特征。在马克思恩格斯生态思想中，他所关注的不是抽象、孤立的个体人的存在，而是社会的、历史的人的生存，是整体性的存在。马克思认为："我们不仅生活在自然界中，而且生活在人类社会中，人类社会同自然界一样也有自己的发展史和自己的科学"，"可以把它划分为自然史和人类史。但这两方面是密切相联的只要有人存在，自然史和人类史就彼此相互制约"。马克思通过自然史和人类史的划分，将人类社会的发展和自然的发展统一起来，体现了深刻的人文关怀维度。

马克思恩格斯生态思想所体现的人文关怀，体现了马克思恩格斯生态思想的核心内涵，即人类在谋求自身发展的过程中，不能只顾眼一前利益而采取耗尽资源、破坏生态和污染环境的方式，而应该考虑人的历史性存在，为人类的长远发展而理性规划。马克思和恩格斯对资本主义生产方式下机械自然观川造成的生态破坏，更加详细的考证了在这种破坏下社会最底层产业工人所遭受的苦难，即生态破坏在资本家手中，却同时变成了对工人劳动和生活条件的掠夺，包括对工人人身安全和健康的掠夺，对工人福利设施的掠夺等等。因此，正确认识和处理好自然史和人类史的关系是人类社会发展的前提。从一定意义上来说，人类社会的发展史就是不断处理、调控人与自然关系的历史，马克思、恩格斯将自然界、人类和社会历史统一于人类实践活动之中进行考察，改变了以往把人同自然界对立起来的自然观念，把对自然的理解融入对历史、对社会实践的理解之中。同时，从人的价值角度来看，人

的价值就是人存在的意义，就是人在生产生活中所体现出的主观追求，这正是人处理好与自然关系的关键。人们的社会历史始终只是他们的个体发展的历史，而不管他们是否意识到这一点。他们的物质关系形成他们的一切关系的基础。这种物质关系不过是他们的物质的和个体的活动所借以实现的必然形式罢了。

第二，人的现实性与实践性是马克思恩格斯生态思想人文关怀维度的现实考量。现实的人是指在历史进程中活动着的具体的社会性的人。恩格斯的"合力论"阐述了历史的最终的结果总是从许多单个的意志的相互冲突中产生出来的，而其中每一个意志，又是由于许多特殊的生活条件，才成为它所成为的那样。在这里，恩格斯从历史客观性的角度来看待人的作用，使得人的主体地位受到了应有的关注。马克思认为，"人作为自然存在物，而且作为有生命的自然存在物，一方面具有自然力、生命力，是能动的自然存在物这些力量作为天赋和才能、作为欲望存在于人身上另一方面，人作为自然的、肉体的、感性的、对象性的存在物，同动植物一样，是受动的、受制约的和受限制的存在物，就是说，他的欲望的对象是作为不依赖于他的对象而存在于他之外的。但是，这些对象是他的需要的对象是表现和确证他的本质力量所不可缺少的、重要的对象，或者说，人只有凭借现实的、感性的对象才能表现自己的生命。"这就详细描述了人作为具体的社会性的人存在的事实。同时也说明人的现实性体现在人的社会实践中，只有在社会实践活动中实现人的主体性、能动性、自由创造力和社会关系的有机统一，才能实现了人的全面自由发展。

人们只有在实践中才能正确地认识客观事物，认识事物的价值。人们只有在实践活动中才能真正做到尊重自然、保护环境。马克思主义主张，人需要通过社会实践、生产实践、科学实验这三大实践活动实现与自然的和谐统一。劳动是一切财富的源泉。其实，劳动和自然界在一起它才、是一切财富的源泉，自然界为劳动提供材料，劳动把材料转变为财富。劳动首先是人和自然之间的过程，是人以自身的活动来中介、调整和控制人和自然之间的物质变换的过程。马克思从人与自然交往方式的角度，认为实践是人的受动性与能动性的统一，在实践过程中，人与自然相互作用，在相互作用中自然被人化、人也被自然化。

（三）马克思恩格斯生态思想的当代启示

马克思恩格斯将生态问题上升到政治的高度，深刻揭示了资本主义制度下生态问题的根源，在其生态思想中，贯穿始终的人文关怀维度对中国生态文明建设和公民生态文明意识培育有着重要的启示。

1、坚定不移地走社会主义道路

生态文明是社会主义制度的内在要求，是中国特色社会主义的更高文明形态，实现生态文明必须走社会主义道路。从历史上看，迄今为止，人类文明的发展大致经历了原始文明、农业文明和工业文明三个阶段。农业文明催生了封建主义，工业文明催生了资本主义，而生态文明是农业文明、工业文明发展的一个更高阶段，代表了一种更为高级的人类文明形态，必将促进社会主义的全面进步与发展。全球性生态危机也需要开创一个新的文明形态即生态文明来延续人类的生存，21世纪将是一个生态文明的世纪。中国特色社会主义应该顺应世界文明发展的潮流，发挥社会主义在处理人类与自然关系方面的制度优势，推动工业文明向生态文明的跨越与转型，促进人类社会可持续发展，实现生态与人类的和谐。马克思主义认为，共产主义社会是实现了人与自然之间、人与人之间"两大和解"的生态文明社会，是促进人的全面发展的社会。走中国特色社会主义道路是中国人民正确的选择，是实现中国特色生态文明的制度保障，必将促进中国社会人与自然的和谐发展，实现经济社会的全面可持续发展。

2、深入贯彻落实科学发展观

科学发展观的基本要求是全面协调可持续，这与马克思恩格斯生态思想中强调可持续发展是人与自然之间合理的物质交换的基本精神是完全契合的。这要求我们在生态文明建设中要转变发展观念，将发展生产、繁荣经济和生态环境保护、资源节约有机统一起来，为子孙后代留下充足的发展条件和发展空间，实现经济社会永续发展。科学发展观的根本方法是统筹兼顾，其中就要求统筹"人与自然和谐发展"，这也与马克思恩格斯关于人与自然关系的论述是完全一致的。这要求我们必须科学定位人类在自然界中的位置——人类是自然界的一部分，将人和自然万物统一起来，真正实现社会的全面进步。科学发展观是依据辩证唯物主义和历史唯物主义原理，对马克思恩格斯生态文明思想的创新和发展，是马克思主义生态文明思想中国化的最新理论成果，只有始终不渝地贯彻落实科学发展观才能将中国的生态文明建设不断推向前进，并最终实现共产主义——生态文明的最终归宿。

3、加强培养全民的生态文明观念

生态文明观念是社会主义生态文明社会建设的思想保证，生态文明观念在全社会牢固树立和生态文明行为的自觉践行是社会主义生态文明建设的重要内容和最终要达到的目标，也是衡量社会主义生态文明最终是否真正深入人心的依据。因此，加强社会主义生态文明观念的培养是社会主义生态文明建设中一个重要的方面，要努力提高全民族的生态环境保护意识和生态文明建设觉悟，并最终变成全民的自觉行动。在教育过程中，要认识到思想观念的转变非一朝一夕，是一个长期的渐变的过程，不仅要通过宣传和教育增强全民的生态知识，促进全民生态意识的觉醒，而且要特别注重儿童生态文明意识的培养，推进生态文明意识的终身教育，实现全民思想观念的逐渐转变在经济建设中，要加大社会舆论引导和媒体监督，坚决杜绝掠夺性经营思想及短期生产经营行为，运用生态经济思想，把发展生产与建设环境结合起来，树立建设生态农业、生态工业和生态城市的意识在自然环境建设中，把自然保护区、森林公园建设结合起来，美化环境，给人们以实实在在的环境保护利益，培养人们追求生态文明的崇高境界。

4、建立健全相关的生态文明法律法规

健全生态文明的法律法规是中国特色社会主义生态文明建设最有力的法制保障。在社会大众生态文明意识还没有完全形成的情况下，出台行之有效的环境保护法律法规是有效遏制环境破坏及加强生态文明建设最直接最有效的方式方法。中国非常重视环境保护立法工作，1978 年通过的《中华人民共和国宪法》第一次对环境保护作出规定："国家保护和改善生活环境和生态环境，防治污染和其他公害。"《中华人民共和国刑法》将严重危害自然环境、破坏野生动植物资源的行为定为危害公共安全罪和破坏社会主义经济秩序罪。除此之外，为保护和改善生活环境与生态环境，防治污染和其他公害，保障人体健康，促进社会主义现代化建设的顺利进行，1979 年，全国人民代表大会常务委员会原则通过并颁布了专门的环境保护法《中华人民共和国环境保护法试行》。自 1982 年以后，全国人民代表大会常务委员会先后通过了《中华人民共和国海洋环境保护法》《中华人民共和国水污染防治法》和《中华人民共和国大气污染防治法》。1989 年 12 月 26 日第七届全国人民代表大会常务委员会第十一次会议通过了《中华人民共和国环境保护法》。另外，近些年，国务院还颁布了一系列保护环境、防止污染及其他公害的行政法规，逐步改善和遏制了不利于生态文明建设的行为。同时，很多地区将生态保护作为考核各级官员政绩的一项重要指标，在很大程度上增强了生态文明建设的力度，使经济建设和生态文明建设并举落到了实处。生态文明法律法规的不断健全将对我国生态文明建设起到关键性的作用，从而有效防止为追求经济利益而造成不可接受的环境后果。

总之，在全球生态环境日趋恶化、可持续发展理念备受重视的今天，生态文明建设面临重要机遇和诸多挑战，比如探索和利用清洁能源，防止和治理环境污染，提高和加强能源利用率，修复和保护生物圈，等等。这些都还存在很多未知的因素，需要人类在马克思主义旗帜的统领下共同应对和解决。

三、科学发展观

科学发展观是中国为迎接 21 世纪更加严峻的挑战，在总结中国发展的经验和教训的基础上，顺应世界潮流提出来的。科学发展观坚持用马克思主义的唯物史观和辩证法、科学方法论来处理人与自然的关系，以中华民族的整体利益为价值体系，继承和弘扬了我国传统生态伦理思想，真实还原了马克思主义生态文明观，因此，以科学发展观作为中国公民生态文明意识培育的伦理思想基础符合中国的实际。

（一）科学发展观中的生态文明思想

第一，科学发展观强调人与自然的协调发展。"科学发展观的重要内容之一，就是强调社会经济的发展必须与自然生态的保护相协调，在社会经济的发展中要努力实现人与自然之间的和谐……要走可持续发展的道路。可持续发展就是要促进人与自然的和谐，实现经济发展和人口、资源、环境相协调，坚持走生产发展、生活富裕、生态良好的文明发展道路，保证一代接一代的永续发展。科学发展，既不是以经济发展为借口而牺牲环境，也不是以保护生态环境为借口而不发展经济，而是追求经济发展与生态环境的平衡，在实现人与人之间和谐中真正实现人与自然的平衡。这与生态文明追求的"天人合一"的境界是一致的。此外，科学发展观的"全面""一协调"发展与生态文明的整体性价值也是一致的。

第二，科学发展观坚持以人为本。科学发展观的核心本质是以人为本。"以人为本"包含几层意思一是人类社会是向前发展的。自从有了人类，建立了人类社会，人类社会就从未停止过向前发展，人类社会未来的总趋势也是要发展的。二是发展的前提是科学发展，兼顾人、社会、自然的关系和利益三是发展是为了满足人的需要，为人提供良好的生产、生活、学习、自然环境。四是发展需要依靠人来推动，需充分挖掘人的潜能和发挥人的作用。五是发展的最终目标是人的全面发展，提高人的能力，升华人的精神，是推动其他方面发展的关键。生态文明也是"以人为本"的，因为生态文明追求的价值是主张在人与自然的整体协调发展的基础上，实现人类当前和长远的利益，从而最大限度地保持可持续发展。可见，"以人为本"既是科学发展观的出发点，也是我们建设生态文明的基本出发点"。

第三，科学发展观的基本原则是公正。科学发展观是全面的、协调的、可持续的发展观，其中蕴含着深刻的伦理学的公正原则。马克思主义伦理学认为，公正就是为一定的道德体系所认可的对社会成员之权利和义务的恰当分配。科学发展观倡导的公正原则既是社会是否全面进步的标准，也是衡量人与自然和谐、经济发展与人口、自然、资源协同进化的标准。科学发展观的公正原则主要反映在代内公正、代际公正、环境公正和国际公正等方面，这与生态文明追求的生态与经济的共同进步，当代与未来持续发展是一致的。

（二）科学发展观作为公民环境教育的理论依据

科学发展观是在批判、借鉴、吸收古今中外生态文明观的基础上，建构的适合中国发展的科学理论。

第一，科学发展观应用马克思主义的唯物辩证思想提出全面、协调、可持续发展的战略方针，进一步体现了马克思主义生态文明思想。确立人与自然的辩证统一、和谐相处的观念，追求自然环境、经济、社会的协调发展，解决人类无限发展的需求和自然资源有限性这样一对矛盾。它的着眼点是对自然环境的呵护，而最终关怀的是人类的生存和发展。这个理论能更好地指导人们处理人与自然、人与人及人与社会三方面的关系，充分体现了马克思主义的人文关怀。

第二，科学发展观批判地继承了古今中外的生态伦理思想。一方面，在中国不能延用自然主义中心论的生态伦理思想，因为那是一种追求人与动物绝对平等，让人"回归"自然的消极保护环境的方法，是以牺牲人的利益，限制人的发展为代价的。另一方面，科学发展观不等同于资本主义主张的人类中心主义。科学发展观是把人与自然的生态关系和人与人的社会关系结合起来共同考虑的。同时，科学发展观所追求的人与自然的和谐不是当时中国古代农业文明条件下的和谐，所以不能完全"回归"中国传统生态伦理思想。

第三，科学发展观符合我国当代的实践活动。科学发展观的提出和形成是在对我国社会主义现代化建设经验和教训的基础上提出的，是符合全面建设小康社会目标要求的，是针对我国人口、自然、资源三者之间矛盾日益突出的现实提出的，科学发展观的立足点是中华民族的整体利益和长远利益，它坚持了中华民族的主体地位，因此可以更好地指导人们处理人与自然的平衡问题。

第二章 教育共生机制概述

第一节 共生时代的教育

人类正在或将进入共生时代，这说明时代发展的"共生"趋势将不仅仅是一种可能，并且这种可能性不仅仅是逻辑可能性，而联结着社会世界的深层趋势化和取向。不仅如此，哲学总是与时代的特征与趋势息息相关，这对共生哲学来说也同样适用，因而，我们对于共生哲学以及共生教育的界定首先是建立在对当今时代特征的准确把握上，这是一个前提性认知。所以，这一时代的教育任重而道远。

一、共生时代及其基本特征

当前，随着由原始的自然经济的自生时代到以工业经济、工业化、现代化为主要特征的强权时代发展的全面转换，人类社会逐渐凸现了人类力量的极端发展，强权时代也因此逐渐暴露出自身的诸多积弊，尤其是全球化浪潮使得这一点更加彰显，加之全球问题的加剧以及由此导致的人类生存困境，诸如此类慢慢宣告了一个时代——强生时代的未来趋势——共生时代的来临。当今人类在新时代的哲学思维如共生哲学理念的关照下生成了新的生存样态，具有了新的价值选择如相互依存、和谐共处、共同发展等等。生时代的来临并不单单是理论推理的逻辑必然，它还有其出现的现实必然性，进而生发出对当代教育的多重诉求。

（一）共生时代的凸显

当下，"共生"作为时代的关键词之一已经引起诸多领域学者的关注，而用一个词汇来表征一个时代往往源于以下可能：时代以其为主要表征；时代的未来指向即时代发展的价值选择与追求；抑或是以上两者的综合，但无论如何都揭示了"共生"之于时代的不可置疑。目前，以"共生"表征时代的研究者基于自己的视角主要有如下观点：

1、人类生存方式转换的历史视角。国内研究者吴飞驰认为："根据生存方式的不同，我们将人类历史划分为三个时代，即自生时代、强生时代、共生时代"，其中，生存方式的内容包括生存制度、生存技术、生存组织与生存度，这些要素是共生时代的必要构成，因而，共生时代是指在后工业社会形态下，以"全球权威＋交换＋血缘＋两性"的生存制度、现代科学技术体系的生存技术、企业为主导的全球共生的时代。而全球共生概念的提出，不仅仅因为它正在变成一种社会现实，更重要的是将导致人类思维和行为方式的一场彻底的革命。进而，他又从经济学的角度论述了共生律及其对经济发展的影响以及对经济人的批判。与此同时，研究者周成名等人也从宏观层面探讨了全球化与共生时代的关系以及共生时代的哲学与伦理学基础。最后，他指出，共生时代体现了人类生存方式的变换以及人类的本真价值与完善理性。

2、全球化多元发展的文化视角。与上述关注点不同，研究者徐怡芳基于当今时代的文化发展特点阐述了文化共生时代的相关方面，她指出，"文化共生，即：在同一场所，反映不同审美追求性质的文化形式、反映不同地理分野的文化形式、反映不同时代特征的文化形式、反映不同民族生存习惯的文化形式在同一时间出现，彼此相得益彰、融合共存的现象。"从而揭示了文化超时空共生的共生时代，这同样给我们很多的启发，也是全球化背景下文化领域的必然课题，反映了多元文化共存的价值选择倾向。

3、时代转换的哲学视角。日本学者、著名建筑学家黑川纪章从哲学视角概括了共生时代的来临及其基本表现，实现了对21世纪哲学的预测。进而，他指出，这是共生哲学凸显的基础与依据。在他看来，共生时代是对应于近现代的西方主导的机器原理时代的生命原理时代，并且是对机器原理时代的规避与超越，进而从整体综合的角度论述了共生时代的诸多特征。

综上所述，我们可知：无论是人类生存方式的共生转换、文化的多元共生还是时代发展的共生取向的哲学探索都阐明了共生时代已经进入理论研究的视野，这是基于事实的价值关涉。可以说，当下，对共生时代的描述尽管基于某些事实但共生时代更多地仍是指一种价值设定与理想追求，需要人类的努力来建构实现。同时，它还是对当今现实社会与时代发展的反叛。所以，在共生时代，人的作用是不可抹杀的，只是作用的内容与方式有了根本的改变。而在其中，共生时代各种关系的构成依赖的是各种关系对象的独立性及对其他主体的价值的认同。这也是共生时代人类发展的根本的哲学依据。同时这也预示着共生时代对共性与个性的双重强调。

（二）共生时代特征的理论描述

当下，人类社会进入后现代社会，人与自然之间、人与人之间的共生总是越来越迫切，他们之间的关系也会越来越密切，人类相互依存，共生共存的特征比以往任何时代都表现得更加明显。共生时代不仅是经济上合作的加强，同时在价值观念、哲学基础和生活方式上都与以前大不一样。这是对共生时代某些特征的描述，但还不足以使得我们了解共生时代特征的全貌，所以，接下来我们主要以日本学者黑川纪章的观点为参照，集中探讨共生时代的特征。

关于共生时代的特征，日本学者、建筑学家黑川纪章总结了十个方面来表征时代的共生转换，进而，他认为这种种变化标志着一个新秩序的产生，即共生时代的来临。正是因为他概括的恰切，因而，这里笔者主要以此为据来具体描述这些转换：

首要的变化就是，社会形态上实现了由工业社会向信息化社会或者"后工业社会"（丹尼尔·贝尔语）的转换。从社会形态上看，与工业社会的同质性不同，信息化社会或者后工业社会不仅是一个"多样性"纷呈竞争的社会，而且还是信息具有增值特性的社会以及个性化、个体创造性和区域（或社区）性文化特性日益彰显的社会，也即是异质性的社会形态。第二，经济发展模式的转换，即由线性发展模式（沃尔特·罗斯托模式）向非线性发展模式的转换，不仅如此，经济的非线性发展还意味着：信息化社会的秩序不再是金字塔型或树型结构，我们将进入的是经济共生时代，也即是在国家层面追求发达国家与发展中国家的共生。第三，实现由"权力"（power）时代向"权威"（authority）时代的转换。与"权力"时代不同，在"权威"时代，深具追求价值的将是经济与文化的共生，也就是说在国际关系与经济活动中，文化以及传统的权威性将受到前所未有的重视，并因而各自发挥应有的积极作用。第四是指文明中心的转移，即由内陆文明向亚太文明的转移，与文明的这种区域转移并行的内涵转换是：由"机器原理时代"向"生命原理时代"的转换，也即是在生命原理时代首先要实现理性与感性的共生，其中机器原理时代以可见的、理性（科技理性）主导的技术如蒸汽机器等为表征，而生命原理时代则以隐形的、具有感性因素的技术如信息技术、生物技术等为表征。第五，社会结构的变革，即社会结构实现由中心化、线性的结构向非中心化、非线性、多元化的矩阵结构过渡，所以，一定程度上称这个时代为"矩阵"时代并不为过，同时这也是网络化时代的标志。第六是学术研究领域的多元化共生，即学术模式的转换：由以现代科学与哲学为主、追求共存与整体的模式向多元共生的、个性化的模式转变，换句话说，这个时代是重视差异与个性的时代。第七是指，由农业的或固定的、分散的社会群体向游牧的或变动的社会形态转换，也即是向无边界社会（同时也是网络化社会的特征）转换，这将标志着：在21世纪，人们的生活模式是崭新的类型——游牧主义，但这又不同于原始游牧部落的生活模式，它注重边界的拓展，也注重生活的流动性。第八，在经济领域内，21世纪的秩序将是第一、第二与第三产业共生的时代——生物技术时代，在这一时代，农业、工业与信息技术是共生共存的，互动和谐的。第九是指21世纪的安全模式。21世纪的世界需要一种什么类型的安全模式？发展趋势表明：它将不仅仅是基于军事力量的，换句话说，共生时代的安全系统使得每一个国家都相互依存，而且具有各自的文化认同，它是军事、经济、文化与环境安全的整体建构，也即安全模式呈现一种多元化取向。总之，黑川纪章从十个维度具体审视了21世纪共生哲学的建构基础与时代特征即共生时代的生命特质、动态开放的特质、个性化共存以及多元化倾向等特征。

与此稍有不同，中国的研究者基于自己的理解与把握认为，共生时代与其说是一个特定的、独立的历史时期，不如说是一个寓含"共生"价值理念的理想的世界存在状态。但是，共生时代并不只是一个抽象的设定，共生的理念在人类历史的长河中是逐渐产生并积淀而成的，在人类社会的各阶段都有它存在的不同形式。接着，他又论述了共生时代的五大特征，即共生时代的关系对象包括人类社会与自然界；

尽管如此，它的重心仍在于人类社会之中，从而突出了人的价值与作用；进而，共生时代的各种关系主要表现为相互依存与共同发展的特征；其各种关系的构成依赖的是各种关系对象的独立性及对其他主体的价值的认同；共生时代体现了人类的本真价值和完善理性内涵。并以此来建构此一时代的哲学与伦理学，如此以来，共生哲学的凸显也具有了坚实的基础。

总体来说，无论是黑川纪章的具有针对性的理论阐述还是中国研究者的价值理念的设定都反映了当代人类的共生价值追求。这些我们国家现代化的进程中亦同样存在着，尤其是在 20 世纪后期的市场经济的推行、经济全球化的影响下这些特征更加明显，因而有研究者宣称："当代社会是一个资源、信息、技术共享，人与自然、人与人、国家与国家相互依赖的社会。我们有理由认为，一个共生共存的时代已经来临。"其中，全球化以及全球问题成为共生时代不可忽视的与无法回避的现象。其间，教育作为一种人类学现象、一种文化现象，将以自己独特的"成人"方式为人类社会、人类文明的发展做出自己应有的贡献。因为教育的发生不能脱离一定的社会关系，时代背景为教育的发生预制了它的视野和框架。也就是说，每一个时代都有自己时代的人之形象，每一个时代都有属于自己时代的教育。

二、共生时代的教育诉求

无论是作为一种价值设定还是一种事实存在，共生时代的来临都将给教育带来诸多冲击。不仅如此，以其超越性为指向的教育在共生时代中的共生转向是不可避免的，它通过对时代特征与时代精神的应对而突出共生的价值追求与当代教育的理论准备与实践追求。在当下以及将来的共生时代里，有两种现象是不可忽视的即全球化与全球问题，它们一定程度上揭示了当今人类生存的相互依存本性、共同发展的需求以及人所关涉的全部关系的转型，是这些时代发展事实与趋势向当代教育提出了共生转向的多重诉求。

（一）全球化及其价值诉求催生共生教育

21 世纪以降，全球化浪潮便以不可阻挡之势来临，并以其相互依存性向风云激荡的当今时代提出了新的挑战，这就迫使人类反思自己的生存和生活方式，是强生还是共生？这不是一厢情愿的非此即彼的选择，而是活生生现实分析后的理性抉择。教育作为培养人的社会活动关涉着价值追求，关注人类个体的整体生存与发展，必然要受时代特征的影响从而进行适度的调整乃至超越。

1、全球相互依存：全球化的本质与价值诉求

肇始于 16 世纪的全球化进程至今仍在继续，并以其强大的影响力引起学界的关注，其间对全球化的看法很多，但大多言人人殊，在其中，我们认为，从更本质的角度——人的生存角度来说，全球化意味着相互依存——全球人类的互通有无、相互需求、相互依存的生存结构的建立。从经济、文化的逐渐渗透，到政治、军事的框架的建立，是一个不可转的过程。这是共生时代的表征之一，因为在共生时代，相互依存是一个基本的生存观念，有利于提高人们对各种关系的认识，而共同发展则要求人们在发挥自己的创造性时,应对这种创造活动作出合理的分析和结果预测，发展的目的在于创造出一个有序而有效的整体世界。可以说，全球化发展到今天无论是广度还是纵深度和强度上都比历史推进了一步，其间更凸显了其相互依存的本质。具体分析，从广度上看，全球化已经影响到世界的每一个角落，乃至关涉到一草一木，一人一事。从纵深度上看，全球化使得自然已从边缘走向中心，人类开始危及整个自然界的存在。

（1）人与自然的相互依存。从本源上看，人类源于自然，与自然有一种相互依存的存在与生存关系，这种关系一直伴随着人类至今，所以说，人与自然的相互依存源于自然本身的相互依存，也源于人自身即自然性与自然的相关性。当下，人对自然的认识由机械论转向有机论的同时,自然也教给人类相互依存的事实和伦理。人作为"自然之子"，是自然不可分离的一部分，而自然则是人类生存的基础和源泉，正是借助于自然，人与社会才得以发展，并取得了辉煌的成就。然而，自近代工业革命以及科技革命以来人类依凭机械决定论哲学及其派生行为走出了"弥塞亚"时代，在贪婪欲望的支配下，人类仰仗科技开始向自然进军，自然也在过度的掠夺中靠近发展的临界点，一时间自然告急，人类由"自然之子"变为"败家子"，自然也毫不留情地展开了报复，环境污染、生态危机、沙尘风暴、干旱洪水扑面而来，这引起全人类的警醒。

因而，从这一点说，人与自然的相互依存关系在共生时代、全球化进程中不仅是不能忽视的，并且应该给予足够的重视，这是共生时代的特征与诉求之一，也是对当代教育的诉求。然而，从某种程度上来说，当代教育的狭义科技取向、竞争取向以及经济功利取向恰恰造成了对自然关怀的缺失，尤其这种情形将随着全球化的加剧而加剧，并开始危及人类的永续性生存与发展，因而，对人与自然关系的关照是共生时代对教育首要的诉求，这是一种全球的视野与类的视野。

（2）人类自身内部的相互依存。针对全球化对人类社会发展的影响，马克思早就指出："……过去那种地方的和民族的自给自足和闭关自守状态，被各民族的各方面的互相往来和各方面的互相依赖所代替了。物质的生产是如此，精神的生产也是如此。各个民族的精神产品成了公共的财产。民族的片面性和局限性日益成为不可能……"。不仅如此，当前席卷世界的全球化浪潮更使得在地球范围内人类真正作为一个整体来生存、活动和发展，已经形成具有全球规模、全球计划、全球协作和全球效应的当代大生产、大实践，人们之间的利益共同性、相互依存性、整体相关性更加突出和增强。这反映了人类内部的相互依存。

2、当代教育的共生转向

（1）当代教育的两难选择与发展张力：教育的本土化与教育的全球化

学校早已是一种天经地义的国家意识主宰的对待青少年发展的制度。在一定程度上，教育也是如此，可以说，只要有民族—国家存在，教育民族化就是一个不衰的话题。然而从宏观方面看，教育尤其是民族—国家层面的教育与自然及社会各部分的相互联系与全球化中的相应部分的要求一定程度上存在着冲突。它的具体表现如下：首先，从人与自然关系看，其冲突之处在于自19世纪以来出现的现代民族—国家的教育主要以主客二分对立的科学认识论为原则，为民族—国家的现代化目标服务，其中包括通过索取自然资源来达到经济的增长，可以说是一种人与自然的二元对立，为了民族—国家的利益，常常对自然恶化的趋势置若罔闻，使其状况进一步恶化，这一点在全球化之相互依存的今天尤为严峻，因而，全球共生时代必须追求一种新的教育理念，它以弱化的人类中心理论为指导，超越主客二分的认识论，从生命感通、认知、伦理与审美等维度向自然回归与提升，从人类共同利益出发来追求民族—国家的利益，从而扼制人类整体的自杀行为，而这往往通过倡导以环境伦理、生态伦理乃至全球伦理（人类伦理）为内容的道德教育来达成。其次，从经济角度看，民族—国家的教育与经济的关系一般是局限于一个民族—国家适应经济发展，即使现代化所要求的竞争也是以民族—国家的利益为最高原则，但是随着经济全球化和高科技特别是信息网络的发展，世界变得越来越小，相互依存性增强，相互交流与合作已经成为一个民族—国家健康发展所必不可少的条件，马克思早就论及经济的全球化，教育作为一种社会现象，与经济的发展紧密相关，经济的全球化要求各国发展的交流与合作，从而相应地需要一种重视交流与合作的、相互理解的教育。再次，政治上的相互独立也使得教育服务于一定的民族—国家，受意识形态主宰，因而教育不可避免地只从本国利益出发来考虑问题，这与政治上相互依存对教育的要求相悖。再次，从文化层面看，教育是"一种文化过程"（斯普朗格），其本身也传承与创造文化，从而具有了文化的品性，在其中，民族文化是不可或缺的部分，重在通过传统文化的传承保持民族特色，从而保持教育的民族特色，发挥教育的文化功能；但全球化中的文化趋同则挑战了这一现象，使二者关系紧张，教育本身也是文化的一部分，那么教育本身是否也在趋同？这种趋同表现在哪些方面？这也理所当然地困扰着人们，促使人类思考教育的共同主题。最后，从社会生活上看，教育自始至终追求与生活的紧密联系，但这里，生活只是一个民族—国家内的生活，可以说，生活的边界一定程度上就是教育的边界，因而教育即生活自然也就有了范围的限定；但全球化的发展是无所不及的，无论是个人生活、集体生活还是民族—国家生活乃至世界（全球）生活都不例外，教育与生活的关系也因此从实际上有所拓宽，教育开始第一次为全球、为整个人类考虑。

（2）共生教育新理念：当代教育的转向

共生时代及其全球化的表征需要新的教育理念。对此，日本学者岸根卓郎指出，"新的教育理念，必须基于这种认识：不是以人为中心客观地观察对象，而是人与对象相对没有中心，人在与对象的相互共存的关系中，现实地用内心并伴随价值判断追求真理，这才是真正的学问。"21世纪是"争取共存"的时代，人类的未来走向是"共生"，如此等等均反映了当代教育的共生价值取向所特有的魅力，使其在 21 世纪独放异彩。那么，以共生为价值追求的新教育理念是如何应对全球化之相互依存对教育的诉求的呢？或者说这种新教育理念具有怎样的特征呢？我们主要从微观角度即教育的内部构成来加以论述。

首先，教育价值取向的全球整合性。教育价值领域历来纷争四起，其取向也因各自的理论基础与视角不同而有别，其中在个体与社会的层面上就存在着个体本位与社会本位的论争。但无论从个人角度还是社会角度均不能完全适应共生时代全球相互依存的要求，因此，要求教育第一次从全球的、全人类利益的角度出发即类的角度来界定自身，因为"价值标准上的模糊、游移或彷徨，都会消解着现存秩序。狭隘的民族主义，会阻碍文明的提升和社会的进步。"所以我们需要关照全球的民族主义来提升文明，这是其一。其二，人作为类的存在物，有着区别于其他物种的类特征，人的类特性中的能动性决定人类对自然界其它物种将会是"看护"而非征服，这是一种亲和性主体性的体现，因而要求人的类意识，这是人与自然关系调整的价值要求。这种以整体相关性和相互依存性显示出来的维护全世界共同生存的时代走向，为今天人们重建自己的价值目标，从社会理念的冲突走向共生理念的认同成为可能。鉴于此，在无论个人本位还是社会本位均有优缺的前提下，全球本位或人类本位正是在对其超越中界定教育及其价值取向的，它追求人类乃至整个宇宙"共生"，之于教育就是教育价值取向上对个体、社会与全球本位的三重强调，它趋向对价值的整合。

其次，教育目的及其培养目标指向具有全球意识的人。依据一定的价值观来规定教育目的已不是今天才有，从古代时期的"哲学王""贤人""君子"到近代时期的"绅士"乃至当代具有竞争力的"劳动者""建设者"等等无不反映教育目的乃至培养目标的民族性和阶级性，但在全球相互依存背景下仅有这些尚显不够，它还需要有为全人类负责的人即具有全球意识的人，因为"全球化突破了传统文化局限于民族和国家的狭隘视野，使人们真正作为世界公民来思考问题。所以，"世界公民"（康德语）、"世界历史性个人"（黑格尔语）、"地球公民""国际人"已经成为颇具吸引力的新时代的人的形象，它往往以"共在（生）型人格"为内核，追求一种亲和性、共生性而非控制性、征服性、侵略性的主体性，这在时空的价值坐标中主要是指"走向世界历史的人"（鲁洁语），从而使得教育的培养目标有了新的价值标准，这也是共生教育理念的核心价值追求，进而揭示了教育共生转型的必要与可能。

再次，教育内容尤其教育课程对科学与人文的融通。从古代的"四书五经""三艺""七艺"到近代的实科（科学）课程，再到如今名目繁多的环境教育课程、国际理解、和平教育课程等反映了教育内容的历史性变更，从中也透出人文与科学融合的趋势，这说明当代教育在重视科技价值的同时，也注重提升人文价值与人文素养，关注人性、人的素质、关注生命以及人与社会和人与自然的关系，这其中内蕴了"共生"的理念，因为共生是生发于以生物学为中心的科学领域而成长于人文社会科学领域的价值理念，它契合了时代精神，并且当下全球化即相互依存突显了环境保护、生态平衡、国际理解和和平的重要，新教育理念理应在此着力以实现人所关涉的全部关系的人性化以及人自身的完善。

最后，教育学基础的合作、共生内涵。生发于生物学领域、扩展到人文社会科学领域乃至形成社会达尔文主义的"竞争"作为时代的主导词之一已经影响甚至主导了教育，可以说，作为现代性的表征之一的竞争（尤指生存竞争、经济竞争）一定程度上成为当代教育的哲学基础，因而，无论何种教育方法往往均以其为旨归，其中在我国以及邻国日本往往以"应试教育"为突出特征，它给教育实践带来诸多危害。不仅如此，全球相互依存背景下的"竞争"自身已发生变化，即竞争的性质由对抗转向合作，即，竞合理念；竞争结果由原来的"优胜劣汰"到现今的"双赢"乃至"多赢"，即，共赢共生；竞争的目的则由原来单纯的竞争发展到竞争着去合作，追求着最具竞争性的品质，例如合作性、关怀性；另外竞争内容亦有变化。因而，除了竞争，竞合、合作、共生亦应成为当代教育的基础性原则，因为这时代不仅需要竞争，更需要竞合、合作与共生，尤其在全球化相互依存背景下，仅有竞争难免失之偏颇，教育同样如此，片面的发展之于教育是极其危险的。

（二）全球问题——人类困境及其伦理诉求呼唤共生教育理念

1、逆向相互依存：全球问题与人类困境

一般认为，全球问题是指那些决定人类的共同命运，而且只有靠全人类的共同努力才能解决的紧迫问题，又称世界性问题；进而，人类在解决全球问题的过程中陷入了困境，即人类困境，指在人类的全球王国时代，人们同全球问题的缠绕进行无穷的格斗，而又把信仰放在物质增长的必然结果上。

从范围上看，国际社会异常关注的南北差距、战争与和平、人口爆炸、难民、毒品、艾滋病、国际人权与民族主义、国际恐怖主义、生态失衡、环境污染、粮食危机、资源短缺、宇宙开发和海洋利用以及信仰危机、价值观念危机等等都属于全球问题，均反映出其间关系的恶化与非人性化。这里，依其性质以及人所关涉的关系不同我们区分出全球问题包括自然问题、社会问题和人类自身的精神问题。

首先，自然问题是摆在人类面前的新课题，新在自近代以来一直受到忽视，同时也是人类自身某些观念及其派生行为造成的后果。因为主客二分的思维模式和人类中心主义张扬了人的扩张性、宰制性的主体性，从而导致了人对自然的过度干预，引发了全球性的生态危机。向人类发出了警告，把不容回避的事实摆在了人们面前：生态失衡、环境恶化以及不可再生资源的逐渐枯竭，这不仅导致了大量生物物种的灭绝，而且已开始危及人类自身的持续生存与发展，也即造成了自然本身以及人与自然关系的恶化与非人性化。

其次，社会问题由来已久，但自然问题的缠绕伴随又使其具有了新特征，对人类来说，走向地狱的道路是用良好愿望铺成的，即人类在追求发展、进步的同时又陷入生存危机，因为科技发展所依赖的主客二分对立的思维模式过分刺激了人类扩张性、侵略性、宰制性的主体性，同样导致了人与人、民族与民族之间的你争我夺和相互敌视，这几乎贯穿了整个人类历史，尤其在现代民族—国家出现后更加激烈，其中以殖民扩张和武装侵略为主要特征。

第三类是精神问题，这是人类自身的深层问题，同样不容忽视。经历了群体依附的束缚，个人价值的高扬给人的发展带来了勃勃生机，但其极端化的发展即个人主义也使现代人陷入"孤立无援"的境地。物质丰裕后精神家园的失却，可谓"上帝死了"（尼采）之后"人也死了"（福柯），从而带来一系列精神问题，例如价值失落，信仰危机，道德滑坡接踵而来，并由此而导致各种行为模式在中青年中扩展：吸毒、暴力、色情变态、物欲横流、不择手段地获取金钱和权力、毫无节制地消费与挥霍浪费等等。可以说，人与自然的疏离、与社会的疏离、与生命的疏离以及无意义感成了现代人的普遍特征。精神问题进而以自然问题和社会问题产生的心理根源加剧了全球问题的尖锐化。

另外，不容忽视的是教育领域中也存在着全球问题，诸如校园暴力、道德教育衰落、学习负担过重、学生普遍的厌学情绪、教育质量下降等等，均显出了全球问题的日益微观化，尽管其严重性、紧迫性并不超过上三类问题，但因其与教育有着直接或间接的关系，从而使得全球问题的解决成为一种必要。

综上，从全球问题的种类与内容我们不难看出全球问题的特征：一是全球性和普遍性，经济生活的日益国际化和世界经济政治联系的不断发展使得任何全球问题都必然要以某种形式和某种尖锐程度反映在不同的国家的发展过程中，其影响遍及世界每一个角落；同时也不可能指望在一个国家甚至一个地区解决类似环境污染等重大问题。二是全球问题涉及人类当前和未来的共同利益和根本利益，也即是涉及人类的共同生存与发展，如果人类不在全球问题框架内组织起来认真解决这类问题，它就将使现代文明的发展遇到严重困难，发生危机，甚至使整个人类都无法生存与发展。三是其复杂性决定了其解决需要世界各国人民的相互协作和共同努力，因而，全球问题已把人类合作、和平共处由边缘推向了中心。可以说，以上三个方面的分析揭示了全球问题的超国家性、人类性与共同性，它依赖于人的观念及其行为的转变。

综观种种全球问题，我们发现无论其表现为什么，有一点是共同的即非共生（存）现象普遍存在，一定程度上反映了全球问题的实质即逆向相互依存，人类陷入生存的困境。首先，人与自然的非共生。人与自然的关系从历史的角度看，经历了原始的浑沌统一、人对自然的简单模仿和利用、人对自然的支配控制乃至人与自然共生的理想追求等几个阶段，其中尤其是第三阶段，人与自然的关系发生了异化，自然丧失了应有的生命力和活力，其潜能也在人类的过度开掘中几近枯竭，人与自然之间出现了疏离乃至背离即人类以自身的发展剥夺了自然存在与发展的权利和潜力，自然在人类工业文明中走向萎缩。如果说人与自然在主客二分的认识论基础上走向分离的话，那么随后就应从生命感通、认知、伦理与审美的层面再次走近、走进自然，重建原有的共生共荣，可现实恰恰与此相反，但亦指出了人类今后的努力方向。

2、全球问题——人类困境与当代教育的共生转向

全球问题使人类陷入生存困境，成为人类持续生存与发展无法避开的障碍，为了寻求解决之道，政治的、经济的、文化的、科技的等多方面的努力固不可少，然而，作为人类的伟大创造物之一——教育是解决全球（化）问题的有效手段，发挥着不可替代的作用，所以，全球问题与人类生存困境是现代教育必须直面的事实和必须应对的挑战，教育自身应作调整。这就与教育关联起来，因为，工业化社会存在的问题不可能单纯在物质层面上加以解决，应该从改变我们的思维方式、改变教育入手。文明的社会秩序来自于人与社会、宇宙的和谐发展，所以教育应当以人为本位，引导人寻找真正的自我，唤醒人与生俱来的智慧，唤醒一个人对生活、对自我的观察和判断，给自己生命以意义和方向。所以，人类自身需要一种关注全球问题的教育——共生教育新理念。

归根结底，全球问题意味着人自身以及人、自然、社会之间关系的恶化与非人性化，其中针对人与自然关系问题，研究界的基本共识是：改善人与自然关系需要从以下三个方面着手即伦理态度，理性态度以及实践态度，这也同样适用于整个全球问题的最终解决。当下，全球问题与人类困境使得人逐渐意识到自身具有个人、社会与族类三位一体的性质，其中，对人的类意识的强调这一点表现在伦理领域则是对普世伦理的诉求，同时这也是伦理自身的时代转变。当下，不少的事实表明，普世伦理已经以朴素的形式存在于人们的行为规范、规则中，只是还不能对大多数人有约束力，有待进一步普及，这里教育尤其是道德教育以其价值观念、态度的内容担负了这一重任，因为教育尤其是道德教育具有普遍的教化机制和功能，因而一种没有意识形态、种族或经济歧视的共同命运，应通过合适的教育加以传播和强化。于是，具有全球本位的、全球伦理为内容的道德教育便是人类的必然选择。不仅如此，普世伦理的实践将会改变整个人类社会，因为这是一种共生性伦理，也因为一种对抗伦理可能会造成对抗的现实，而一种共生伦理也可能会造成共生的现实。以往的社会伦理，植根于政治哲学上自然人这一理论假设，虚构了个人与社会之间的对抗关系。这种对抗伦理是斗争哲学的一个翻版，在现实中又会造成斗争、紧张和

对抗的现实。与此相反，共生伦理却在认同人类个体之间的相互依赖关系的基础上，努力营造相互依从、合作与共生的现实关系，这自然是一种建设性关系。因为生态教育、环境教育主要是从人与自然的和谐共生、人与人代际共生的目的出发来实施教育，通过进入课程、渗透观念、改变教学方式来改变现状、解决问题，使环境得到改善，促进整体、立体性共生。

总之，我们认为，要解决这些问题，核心在于用一种新的全球观——全球认同的共生理念对待人类共同面临的境遇，并以适合这种境遇的态度塑造自己的思想和行为，反省人们在实践中由于掠夺自然而很少顾忌自身行为所酿成的全部自然——社会问题，建立人与自然、社会关系的共生和谐理论，以形成适应人类未来生存的新的思维方式和活动方式。人类应该怀着同类意识，相亲相爱，互惠合作，遵循共生理念来重建协调人类社会，才能够和平幸福的生活。

三、共生时代的人与教育

（一）共生时代的表征及其对人的共生诉求

1、共生时代的知识化需要人的创造性以及创造性关系

西方社会学者丹尼尔·贝尔在《后工业社会的来临——对社会预测的一项探索》一书中指出："后工业社会的概念强调理论知识的中心地位是组织新技术、经济增长和社会阶层的一个中轴。"正是这一中轴原理奠定了后工业社会的基础，这一点在当代表现为知识化倾向，在社会中表现为知识经济的特征，可以说，知识化或知识经济成为共生时代的突出特征，换句话说，共生时代也是知识经济时代，是知识共享的时代。一般认为，与原有的僵化的知识相比，这里的知识更强调一种动态的创造性，之于人，不再单纯地获取知识，而是进行知识创新，进而把知识转化为智慧，当然这种转化还需要人具有一种批判性与创造性的思维能力，这是共生时代对人的要求，因为"'进步'是近代社会的核心概念，共生时代强调的是'发现'和创造。同时这也是教育的真谛。由此可以说，知识创新不仅是社会发展的必需，也是人发展的必需，这是人之生存的必备与表征，是对"变化"的准备，而要真正能够创新，不仅需要一定的知识基础、创新思维、相应的技能，还需要一定的情感条

件以及人所关涉的创造性关系，尤其创造性关系是意义生发的源泉所在，所以说，创造或创新的要求对于人来说是一种全方位的素质要求，否则这种创新将无法持久，同时这也给培养人的教育提出了新的挑战，要求教育自身的重心转移与创新。

2、共生时代的信息化需要人的综合素质

在共生时代，知识往往就是一种信息即知识以信息的形式存在着，这对于现时代的人来说，"信息爆炸"是一个必须面对的事实，所以，需要人来对信息进行鉴别、吸纳、综合、批判与选择，也就是需要一种综合素质以应对信息的挑战，也即信息将依赖人而获得意义、人则因信息的交流与传递而获得生存境界的拓展与提升。与此同时，信息化给当代教育造成的直接影响则是：科学知识在以几何级数递增，出现了'知识爆炸'，它在教育方式未曾改进的情况下，必然加重儿童的学习负担；这种负担加重到一种程度，科学知识就会走到它的反面，由帮助人的力量变为压迫人的可咒的东西。

3、共生时代的网络化要求人的共生意识

在当前科技化的全球相互依存时代里，人的生存状况具有机械化与电子化的特征，尤其网络化背景下的虚拟生存成为不可避免的事实与趋势，它将与直接生存并存而成为人的新型生存方式，所以，人面临的一个问题就是人—机共生或人—机器—网络共生的问题，可以说，共生时代的网络化趋势需要人的共生意识，它体现一种人文价值追求，从而一定程度上也使得机械机器的效能不致给人类带来更大的灾祸。如今，以网络为中心的器件世界构成人生存的一个基本场所，在那里，人是一种虚拟的生存（与人际之间的直接生存相比较），因而相应地造成了对现实生活世界的忽视，从而使得人的生存成为一种单面的、间接的生存，进而这在一定程度上造成了对他人、自然、社会等周围世界的疏远、疏离，这是一种异化生存，所以，我们需要一种共生性生存，也即人—机器—网络共生，这是对无限伸延世界生存的应对。这一点对于人来说，一方面，机器与网络只是人生存的一个领域，人不可局于一隅而狭隘了自己的生存；另一方面，人与机器与网络的关系不是单方主导的，而是一种意义对话的关系，也就是说，机器是为了更好地促进人的生存而不是相反。对机器与网络这种器件世界来说，这是人之外部生存世界的一部分，其将会因人类的参与而具有生命意义而不是机器与网络成为人异化乃至物化的手段。总之，人—机或人—机器—网络共生不仅能够丰富人的生存空间，而且克服人的异化与物化、提升人的生存境界，这是共生时代之三重世界即自然、器件以及人的外在共生需求，也是教育所要面对的挑战之一。

（二）人之共生需求在生存层面的种种表现：多学科的视角

当前，人的共生性日受重视。一方面，共生时代的来临与表征为人类共生指出了必要与可能，也使得当代教育面临的时代挑战对教育自身的更新成为可能；另一方面，当代学术研究纷纷揭示了人的共生性，尤其共生由生物世界向人与自然关系以及人类社会的延伸，即标志着人类对共生的认识已经从事实的层面进入价值的层面（由科学而人文），而这一点对人类个体而言，更加突出了人的共生性。不仅如此，纷繁复杂的共生内容也标志着个体的生存与发展也已经由生物层面、心理层面过渡到精神（审美、伦理与哲学）层面，并且这三个层面的和谐统一才是人的整全的生命观，从而人类生存境界得以提升与高贵。换句话说，共生已经成为现时代人类的内在需求，这不仅是时代发展对人发展的外在要求，而且是人自身生发的需求，这种需求同时体现在三个层面，它的目标最终指向完整的人或全面发展的人。

（三）人之共生需求对当代教育的诉求

既然，共生时代的知识化、信息化与网络化的特质与趋势分别对人提出了外在共生之素质要求，加之人自身的全方位的内在共生需求，那么，作为反映时代特征的教育必将以此为首要任务，实现教育创新、通识化和共生化，这是时代特质与趋势对当代教育的理论诉求。这些理论诉求具体如下：

1、教育的创新与整合

共生因人的内在需要成为一种共同的价值追求，这些对于反映时代精神与培养人的教育来说，无疑是一个极大的挑战，因为教育自身也是弊病丛生的，所以，时代的需求与挑战以及人的内外共生需求强烈要求教育自身的转型，其中首要的是教育价值选择的时代转换——共生价值转换。一方面，共生时代的知识化、信息化与网络化发展趋势要求人具备诸如创新素质、综合信息能力以及与器件世界和谐共生的意识，这是时代发展对人以及教育的外在挑战。另一方面，当下学术研究领域对人之内在共生特性的发现与重视要求人的全方位共生，这是人之内在共生需求的全面揭示，二者结合起来就成为当前教育无法忽视的问题，因为教育是以"成人"为旨归的，而人之生存方式的共生转换以及人之内在共生需求的揭示都要求教育自身的共生转型，要求一种共生智慧，这是共生时代对于教育首要的诉求，即共生时代的人需要共生的教育，之于这一点，所以教育要实现自身的创新与整合，它指向人的共生与完满。如此以来，共生时代使人的共生性凸显，也使得教育中原有的德育、智育、体育、美育等内容有了新的理论依据与实践旨归，尽管其依然指向人的全面发展，但在这里我们尤其注重的是各育之间的互动与和谐以及人自身及其所关涉关系的共生和谐，从而超越了原有各育之间的指向人全面发展的间接关系。

2、教育培养目标的时代转换

共生时代作为一种事实与趋势不仅体现在人自身及其所关涉的关系中，而且也需要人的努力来实现与完善，因而，共生时代的人具有了新的形象，在素质维度，他应该具有创造性品质与关系、综合信息素质、与器件世界和谐共生的意识以及多层面的共生智慧，这是由时代发展带来的对人的新的素质诉求，与以前时代对人的诉求是不同的，所以反映了共生时代的独特性。这样以来，当代教育的培养目标就要随着人之形象的转型进行转变，使教育在自身的宏观与微观层面都有利于创造性品质、综合信息素质、与器件世界和谐共生的意识以及多层面共生智慧的培养，从而促进整个时代向更高的境界发展、促进人的全面发展与共生发展。其中尤其是人与器件世界和谐共生的意识是更为迫切的，因为以网络化为特征的器件世界构成了人生存的"虚拟空间"，从而把人的生存方式扩展为间接与直接两种，不仅如此，间接生存的凸显还造成人与人之间以及人与自然之间的直接交往的缺失，也带来诸多问题，所以需要教育来改善这种状况，并同时促进人自身的全面发展，这些需要教育整体的努力才能最终实现。

第二节 共生机制的哲学理念

在同一历史条件下，生活在同一个地球上的不同的国家和民族肯定会有它们共同的需要和共同关心的现实问题，当这些共同需要和共同关心的现实问题越来越影响到整个地球的生存时，对有利于人类生存的社会理念进行融合的呼声就会越来越高。一种社会理念之所以能凝聚和规范社会成员，其思想认识前提就是这些人对它的认同性，而这种认同就根源于他们共同的真实需要，以及在此基础上升华出的共同价值观。当前，新的时代背景下的真实需要——共生需要凸现在全世界面前。这就为建构和认同共生理念提供了强大的内在动力。所以说，共生时代需要一种共生哲学理念，我们的视野也需要一个转换，转向人自身对共生哲学理念把握的理论，从而为我们更好地审视教育寻找有力的理论支撑。

一、共生研究概述

共生问题是一个早已存在但到今天才凸现出来的问题。但一经出现便表现出了无可抵挡的影响力，因为这个词语中以某种方式反映了时代的趋向。这自然引起了诸多领域学者的关注，教育研究者亦不例外地进行了探索，以期从中透析教育与共生的内在关系。当下，对共生与教育关系的研究（共生教育研究）见诸许多方面，这里，为了更好地了解此项研究的进展，也为了推进这项研究，笔者就相关研究进行了一番梳理以找寻进一步研究的基点，而对这些相关研究进行梳理与分析的工作在本论文的导论部分已经完成，因而，我们这里主要的任务是对共生的准确把握，这是一个前提性的认知与理论上的准备。

共生是一个杂糅性的范畴，但为了明确主题，首先应对共生的内涵有一个初步的把握和确定。这里，基于自身对共生的理解与特定问题的关注，笔者认为这样一种理解具有合理性：在人类社会领域，共生更多地是指"向异质物开放的一种结合方式"，如果把两者以上（包括两者）之间的结合称为"社会结合"的话，那么共生的内涵与当前共识性的共生观，即日本学者尾关周二的共生内涵相吻合。如果从词源学上考察，这里的共生主要指人与人之间的结合方式，它超越了原有的生物学范围。但这些尚显不够，更进一步说，共生指的是向异质者开放的一种结合方式与关系。

第一，如果从主体（哲学层面上）的角度理解，共生哲学理念有一个隐含的主体，也就是说"谁与谁的结合"，也意味着对"他者"的发现与承认，同时亦指出了主体的无可逃避，这是对主体间性的强调，也就是说，共生在主体维度上的本质就是：每一个个体都是世界的中心（佛家），也是世界整体的一个必要的部分，这一点正如日本学者黑川纪章的思想"each one a hero"（各美其美，美美与共），其中彰显了共生哲学理念所蕴涵的乐观倾向以及主体责任的无可逃避。这不仅体现了共生自身的主体能动性，而且这里的主体尽管可分为个体主体、群体主体与类主体，不过应突出强调是类主体（包含个体主体的合理内核），所以共生应是共性与个性的统一，在现实性上表现为异质性、共同性共生。

第二，共生从本质上来说是一种关系，一种人性化、创造性、开放性关系，一方面它反映了人的哲学思维方式由实体思维向关系思维的转变，也是一种本体论的转换，它关注的是结合方的相互作用，是结合方式的优化与创新；另一方面，以人为基点，它又具体化为不同主体之间的关系，主要包括人与人的关系、人与社会的关系、人与自然的关系以及人与自身的关系，强调的是主体之间的相互作用（主体际性），这种关系的特点包括直接性、开放性、双向性、对话性与交往性；从内容上看，它又是物质与精神关系或者说是理智、情感与冲动的统一与协调。

第三，共生（作为一种事实）由于自身的共生效应——共存在、共生存、共生活与共发展而成为人类必然的价值选择，从而实现了由事实向价值的深化，以上是对共生的综合理解。进而通过深层考察可以得知：共生是"人类最主要的生存方式"，这都直接影响了人类行为的价值取向。

可以说共生一词不仅是一个描述生物、微生物存在与生存的自然科学概念，而且还是一个与人类生存、生活与发展密切相关、具有人文主义色彩的观念和理论体系，它既关涉到人类群体也关涉到人类个体，它由现代科学领域（生物学尤其是生态学）向人文社会科学领域的拓展研究使得人类对自身有意识的实践活动——教育的审视有了新的视角；当下，共生作为自然界、人类社会和人的存在与生存的突出特征已然成为群体、个体乃至整个人类社会所追求的价值目标，它成为人类共同的价值取向，它是时代精神的集中反映，如此以来，关涉价值追求的教育也就面临一个价值转向的问题。

二、共生面面观及内涵厘定

（一）共生哲学理念凸显的时代必然性

当下，共生作为时代的表征已经得到诸多研究领域的认同，可以说，共生哲学理念与时代的发展息息相关，因为哲学的基础是自身所处的时代。作为时代的关键词，共生的出现有其时代必然性，具体表现在以下三个方面：

首先，人类生存方式的共生转换。当下，共生时代全球化、信息（知识的载体与存在形式）化与网络化的现实与趋势使得人类孤立的生存日益变得不可能，不仅如此，它们还为人类共生提供了交往工具和信息基础，即通过信息与网络把人类联成密不可分的整体，为人类自身建构了一个"实存与虚拟"并存的生存世界，实现了人类生存的首次"时空分离"，人类进入间接生存时代，同时也形成了人的新的孤独感与对共同性、交往的欲求对峙的局面。

其次，全球化发展的多维度共生需求。全球化尤其是全球经济一体化与文化本土化之间的张力使得人类进入新的生存空间，因而，致力于缓解二者紧张关系的共生（类似"和而不同"）成为时代的最强音，同时世界政治军事格局的变动亦向人类提出共生的要求（多极化的现实与趋势），加之全球性自然问题的出现与加剧更是要求"人与自然共生"。

最后，当前世界范围内的贫富差距的现实问题及其在不同领域、不同层面的表现也需要"共生"（社会层面上）来缩小。不仅如此，人类在这个时代所面临的诸多难题，须借助全人类古今的智慧来加以化解。所以，随着人类进入地球村时代，也就愈有必要重视相互依存与采纳关系时代的世界观。因为这是进化过程中自然的一部分。而在当今世界，全球的共生需要已经凸现到了第一位，任何一个国家的发展都离不开与其他国家的交流和合作，任何一个地区的发展或问题，都会对全球带来正面或负面的影响。这就要求全球化中的价值建构必须围绕一个核心内容来进行，这就是共生理念的建构。总之，走向共生已然成为当今时代的必然与优先价值选择，同时对共生的整体探讨也成为一种必需。进而由此而促成的共生哲学理念也具有了相互依存、共生发展、合作的价值内核。

（二）共生哲学理念的源与流

当前，共生之于教育领域是一个新的概念、新的范畴，然而仅仅就提出一个新的概念、引入一个新的范畴来讲并不是件非常困难的事情，困难的而且是更为重要的是要对这一概念的合理性进行论证。

共生哲学理念渊源于生物学尤其是生态学领域，它因自身独特的魅力而向人文社会科学领域创造性地拓展，在人文社会科学领域，它主要是指生发于东方的一种精神、意识、思维方式和价值追求（日本、中国的儒、道、佛以及印度宗教的精髓），也是对当代西方哲学中相关理念的呼应及其借鉴如怀特海的过程哲学思想、胡塞尔的主体际性思想、海德格尔的"此在"与"共在"的观点、哈贝马斯的互主体交往理论、罗蒂对人与自然关系的思考、后现代哲学中的整体主义思想以及复杂性哲学的"共生学"思想。而为了更好的地把握共生哲学理念，我们首先需要从其渊源上来展开探讨。

1、共生哲学理念的渊源

首先是词源学的考察，从中我们可以了解共生的原初意蕴。针对此，研究者李萍指出，共生有两种英文表达形式即 symbiosis 与 onviviality，两者存在着差别，"从词源学上看，symbiosis 是希腊语源，指生态学的'共栖'，特别是双方受益的共栖，依据各要素间的利害关联性，结成协作关系，维持自我完成的均衡。

Conviviality 则源于拉丁语，指在目标、理想、利害关系、文化背景等方面不同的人们之间，相互欣赏自己与他人的差异，共同启发，在对追求目标加以必要限制的行为规范（而非取消各人目标、强求单一目标）基础上展开交流的结合状态。因此，symbiosis 寻求的是'生存的各种形式的调和统一'，conviviality 看重的是'生存的各种形式的杂然生机'。"[140]进而，我们可以归纳出共生的原初意蕴即互利、协作、自我完成的均衡、异质统一以及交流。

其次是学科渊源的考察，从而我们可以揭示与把握共生的学科意蕴。从学科渊源上看，共生（symbiosis）作为一个范畴，首先出现于生物学尤其是生态学领域，它是1879年德国植物病理学家安东·培里首先使用并给予界定的，但其要义仅指不同种的生物密切生活在一起（living together）的现象，后来才延伸开去，进入哲学和社会科学等领域，从而使其内涵不再仅限于生物学领域。而这与物理学研究的比较则更凸现了生物学"共生"含义的生命性。

最后是共生历史渊源的考察，这将有利于促进对共生哲学理念的广泛认同，因为"世界各种文化在源头处本是互通的，人类灵魂最初不存在沟通的障碍。在中国传统文化思想中，共生是中国传统"中庸""大同""和而不同"等理念的当代展现与意蕴开掘。其中，"中庸"作为儒家的道德理想境界及修养方法，在新时代面前，其内涵得到了新的开掘，尤其内蕴于其中的整全观念和节俭观念对于当今的人们非常有启发。但是在当代，正是由于忘记了整全和节俭的观念，人类开始片面和挥霍以致出现诸多问题，所以，现代学者潘光旦先生在论述民族问题时，便指出了这一人类的弊端：人类只顾一己，一家之生存而忽略了民族的生存。由此扩展开来，仅仅注重了一个民族的生存在今天也还不完善，还应兼顾到整个人类的生存，这才是完整的生存观，这其中不乏"共生"的身影。也就是说，我们的古人早就提出了"大同"的理想，向人类描绘了"世界大同"的美丽图景，可以说是当今所追求的共生理想的历史回音壁。清代学者康有为在《大同书》中提及了"人与自然的大同"，既有对"天人合一"的重现，又蕴含了传统中的共生理念；再者，中华民国总统孙中山先生的三民主义理论之一——民生主义也内蕴了"共生"的理念，同时其大亚洲主义和世界主义的思想亦反映了如何实现共生的理论探求。最后，作为一种个人和群体关系之理论，"和而不同"阐明了一种在中国古代文明渊远流长的符合自然辩证法的思想：像大自然的和谐是在万事万物的差异中才成为可能一样，人群的和谐也同样是在保持个性或事物之差异中才成为可能，与当代的共生哲学理念的内涵非常切合。

2、共生理念的发展

当下，我们对共生哲学理念的关注往往是在对近现代生存竞争理念的批判中阐发的，可以说共生哲学理念的发展是在人类对自身的某些观念与行为的反思中开始的，其重点是对现代"生存竞争"理念（包含科技与经济的取向）的批判与超越，这主要从两个方面展开。

首先，人类通过对自身某些行为的反思发现了共生哲学理念对人类永续性生存与发展的意义和价值。由于人类受达尔文生存竞争论以及社会达尔文主义的影响一度强化了"生存竞争"理念及其派生行为，只重视竞争现象和竞争意识而相对忽略了共生现象并从而带来一系列后果，所以人们开始反思自身。在此之前，俄国学者克鲁泡特金亦反对社会达尔文主义者把"生存竞争"看作是进化的要素，相反他认为："互助"才是一切生物（包括人类在内）进化的真正因素；当然他并没有完全否定竞争，但认为适者生存中的"适者"往往是互助性强的。今天看来他的理论虽不完善，但仍给我们以启发，至少让我们了解了"生存竞争"理念的负面影响。近来，人们开始提及共生，当然这已不再是单纯生物学意义上的共生，是时代发展和人类困境揭开了"共生"的神秘面纱，而它在诸多领域的应用一方面说明了共生哲学理念自身的生命力，另一方面也揭示了人类自身对共生哲学理念及其积极影响的主动追求，例如经济学领域中研究者们对共生理论数理模型的建构与实践以及社会共生论都是对共生理念本身的发展与应用。

其次，在哲学层面上通过对"生存竞争"理念的哲学反思来确立共生理念（指一种哲学思维方式）。当今世界，以主客二分为主的思维模式和以个人主义、享乐主义、科学主义和主体主义为特征的现代主义文化占据了主导，人类在其刺激下过分强化了自身的扩张性、侵略性、宰制性的主体性，从而失却或忽视了共生性、亲和性的主体性，进而导致了人与自然、人与人之间关系的紧张，破坏了原有的和谐共生局面。于是，学者卢风等人开始提倡共生哲学理念，因为"阐扬共生理念，有利于抑制扩张性、宰制性的主体性，培养亲和性的主体性，从而缓和人与自然之间的对峙。以使陷入生存困境的人类能够心存希望；同时也为了从近现代"生存竞争"的理念中超越出来，为了回归与提升原有的和谐共生，他又从哲学角度向人类提出了共生哲学理念并确定了其内涵。

总之，共生哲学理念正是在其深厚的渊源以及当代发展的基础上逐渐形成的一种具有初步逻辑体系的哲学理论，共生不再是一个单独的生物学术语与纯粹的生物现象，它成为一种包含世界观、方法论、人生观与价值观的哲学体系，而在这个体系里，核心的部分就是共生概念及其内涵，因而，接下来我们要明确共生概念的内涵及其特质。

（三）"共生"的内涵厘定

作为一种哲学理论体系，我们首要的是明确"共生"这一范畴的内涵。"共生"是一个存在于不同领域的杂糅性范畴。简单来看，我们这里所强调的既非单纯的生物学范畴，它是克服了生物间共生的"封闭性""寄生或共栖性"而形成的理念；也并非纯粹的政治学范畴，因为政治上的共生往往带有"共同性"或"同质性"，其不利于异质性的共存；还非纯粹的经济学范畴，它超越了"等价交换"；但是其对哲学层面的"共生"概念进行了保留，既指一种对应于近现代主客二分的哲学思维模式，也指一种超越知识论的价值追求。

共生首先是生物学范畴。即使在生物学领域，学者们对共生的认识也是见仁见智，他们对共生的认识主要涉及如下内容：共生现象的描述与拓展、共生概念的界定、共生的分类以及共生理论（如共生起源说）。相对于自然科学领域对共生的事实认定与现象描述，人文社科领域中对共生的认识，因人类的参与从而具有了价值色彩，呈现出一种多元化的倾向，这主要集中在哲学、伦理学、经济学、教育学等诸多领域。总体看来，共生在哲学层面上的合理性源于人对自身"自足性"（尤其是理性乃至科技理性）的质疑，对自身"非完满性"的觉醒以及对"他者"的肯定与认同，因为对人而言，人与人之间的不一致乃是这个多样性世界的自然，一切与我们不一致的人和观点不仅都有权利存在，而且很可能对我们自己的发展有利，因为同那些与我们不一致的人或物对话，可以生成新的东西，使我们的生活更加丰富。

三、共生哲学的基本理念

当下，共生在哲学层面已经引起诸多关注，如生态伦理、环境哲学对人与自然共生的探讨，经济学在哲学层面对共生的探索与追求，加之传统哲学对共生的强调等等均揭示了共生在现时代的意义与价值。

（一）生命理念

现代生物学告诉我们，人与自然的混一，不仅表现为人和自然中空气、土地、水等无生命事物的相互依赖，而且还表现为人与植物、动物和其他人的相互依赖。现代生物学揭示的有机体共生现象，当然也适于人。按照共生原理，有机体，不管是一个个体还是一个种群，都不能单独生活在自然界中。一方面，单就存在的事实本身而言，我们可知共生的生命性，因为共生是宇宙中一种普遍的现象，它是生命的表征，这不仅体现在自然界、人类个体身上，而且在人类社会中也不例外。

人体是地球的缩影。在广义的生命意义上，就人类个体而言，现有研究表明：人类个体不仅是肉体生命，而且是精神生命，各自的和谐以及二者的和谐才是人类个体的完整表征。对肉体生命而言，中医将人体气液共生系统视为人体生命存在与否的标志；而当今的生理学研究则指出："生命本体不是纯种的、孤立的、单纯的，而是共生的、相互联系的、复杂的自然现象。在现代生理学系统中，增加一个新的共生系统是客观需要，是科学不断发展和深入的必然结果。生命本体是从生命载体、遗传信息载体向新的生命载体传递的遗传信息流。这个信息流是无始无终的、永恒的、高速运动的自然现象。

总之，生命在本质上是共生的。同时，共生原理证明，共生是生命存在与发展的必须条件，没有共生就没有生命，但参与共生的众多的物种都必须有各自的独特的基因。这也是共生的基点。这里，笔者认为：共生的生命特性这一认识将会在个层面、各个领域促进人类对生命本身的关注、对生存境界提升的努力，生命也将更加丰富与高贵，生命内涵也因此转变为在参与的动态关系中唤醒意义的信息节点。这是现时代（尤指共生时代）的生命观，因为教育是共生的生命进程，教育也因此将走向全生命关怀。

（二）过程理念

生命理念作为共生哲学的首要理念从纵横两个维度展示了生命的丰富与高贵，

而且生命原本是一个动词。因而共生也就具有了动态的意蕴，它是生命的进程。理论上来说，如果从动态的角度看，共生亦可以按字面理解为"共同生成"，它更多地体现为一个过程，具体看来，共生的过程性是指：共生不仅是一个不断发展变化的过程，也意指在第一种意义上的即结合方式的变迁和进化。自然界中的共生是一个不断发展的动态过程，人类社会中的共生同样也是。尤其在过程哲学看来，过程是根本的，成为现实的，就是成为过程的。过程承继的是过去，立足的是现在，面向的是未来。……一方面，过程体现为转变和共生。……共生则意味着生成具体，它构成了永恒性，因为在共生的过程中没有时间，每一个时间都是崭新的，都是现在，在这个意义上，它又是永恒的。另一方面，过程又体现为享受即领悟和感受，过程是对现在机遇的领悟和对先前机遇的感受，并对全部过去和未来开放。因而，在现实个体共生的瞬间，过程的每一个单位都享受着某种主观的直接性，都具有内在的价值。所以，在这里，"共同生成"亦可以分解为几个问题：共的是什么？生的是什么？成的又是什么？这些问题都在一定程度上预示了一种生成论的思维方式，一旦生成性思维成为当代哲学的思维方式，生活世界观要求思维方式由保守性向创造性转变、由封闭性向开放性转变、由单一性向多样性转变、由依附性向独立性转变。

再有就是中国传统哲学易经以及道家思想中的宇宙生成论，尤其易经指出了乾坤、阴阳之间的交、感、化、革的相互作用，进一步明确了共生不完全是一个抽象的名词，它还是一个动词，其展示了生命共生的前提条件、起点、过程与结果（目标追求）。在生物学层面上，这个过程可以表述为两种：共生类型的演替和生命自身的创生、进化，其中前一种指的是寄生、共栖、偏利共生与互惠共生的共时与历时发展；后一种则是指生物共进化的过程与生命的最初发生，它表征的是生命的产生与生命境界的提升过程是共生性的，这个过程在生物界、人类社会中同样如此，这是事实层面的动态描述。当然，在方法论层面上，共生作为一种哲学思维方式，它强调的是拓展与提升而非单纯取代，它对机械决定论、预成论的冲击仍是不可忽视的。现有的相关研究在思维层面上对生成论的强调同样昭示了共生的过程性与开放性，这是以后现代主义为代表的哲学思维方式的时空转换，而后现代主义同样强调共生的价值。所以，"共同生成"不仅仅是字面上的理解，它还揭示了共生哲学思维方式的生成性,这对以"成人"为旨归的活动如教育活动的启发将是全面性的,因为它揭示了教育视野中人的生命性、生成性以及教育过程的共同生成性。

(三)异质共存理念

当下,对于共生现象的认识我们遵循的是从事实到价值、从现象到本质的理路,因而无论是生物学现象还是对共生内涵的种种理论界定均阐明了共生的"异质共存"内蕴。首先从学科角度来看,如上所述,1879年德国植物病理学家安东·豆·培里在非常广泛的意义上最先使用了"共生"这一用语,他认为不同生物一起生活的现象就是"共生"(living together)。进而,"'共生'概念意味着……一切异种生物间的关系与结合。这一界定概括了生物世界共生现象的"异质性"。而共生延伸至人文社会科学领域后同样延续了这个现象的内在本质规定,所以日本学者尾关周二指出:"我们所说的'共生'是向异质者开放的社会结合方式。这种解释与调和、共同、一体性、共存、对等(平等)等关键词相对地提示了作为共生理念核心的要点:共生是以差异和对立为前提的相互关联的共存。从而在人类社会、人际之间、人与自然之间拓展了这一概念的适用范围,也扩充了共生对整个世界的意义与价值。在哲学尤其是主体哲学层面上,共生关涉人与他人的关系,研究者吴飞驰强调,"伴随着共生理念的确立,哲学将从'主体性'到'互主体间性'的转向。因为,当我作为我自身而存在时,他人也同样作为自身而存在,我与他彼此互依,自由共在。这反映了共生哲学之主体间性的哲学内蕴以及主体自身的异质性。尤其对于"异质性"及其与共生的关系的理解,这里有一个总结:异质性普遍地存在于自然界、生物界和社会生活的各领域之中。异质性是系统演化不可缺少的因素,而且是事物共生互利的基本条件。

当前,对"和而不同"的研究揭示了其意蕴:"和,就是'以他平他',即不同事物或不同因素的结合,是差异的统一。同,就是'以同裨同',即完全等同的事物或等同因素的重合,是排斥差异性的直接同一。也即是说,"与异质者共存"的问题不是今天才有,因而当代共生哲学理念的倡导不仅是对时代特征与挑战的应对,而且也是对古代传统哲学思想的继承和开掘。但无论如何,"异质共存"的问题不仅表现在异种生物之间,而且表现在人与自然之间、人类社会的人际之间。随着人类社会进入 21 世纪，后工业社会的来临，人与人之间的关系将更加突出，加上知识化、信息化、网路化等所导致的"异质性"，切实地把这个问题摆到人类面前，"共生"将是人类未来生存的理性选择，也是教育的旨归。

（四）中和理念

如上所述的生命理念、过程理念与异质共存理念的展述我们是在共生的纵、横以及特性上来把握的，它阐明了共生的存在状态、动态发展与特性表征，这里有一点不容忽视，那就是：共生存在的层次性、动态发展的方向性以及异质共存的程度都将指向何处，这正如瑞士心理学家维蕾娜·卡斯特所追寻的"优化的共生"，所以在事实的论述之后，共生因人类的参与，有了一种哲学，一种应该，一种意向性，一种超越。因而，我们就有了一个价值关涉，所以从理想的或应然的角度看，"共生"自身应具有理想形态，它应是在原有共生的基础上发展而来的，并且这种价值设定具有人的价值追求内涵，应该说，自然界的共生现象是无关价值判断的，只是在人类社会中，共生才充满了价值判断。这样以来，人类通过不断的扬弃，追求一种和谐的共生态。这个和谐的共生态就是直到今天人类仍在苦苦追求的"中和"境界。"中和"在《中庸》一书中有述："喜怒哀乐之未发，谓之中；发而皆中节，谓之和。中也者，天下之大本也；和也者，天下之达道也。致中和，天地位焉，万物育焉。"

在这里，"中和"既表示事物矛盾对立双方的统一、协调，又代表生命力和创造力，"中和"孕育创造新的生命、新的事物。指性之持有、情之发生的合理性以及万物并育的极致状态，这是一种价值理想，这些在当代人类社会与当今时代都是弥足珍贵的。中和一直成为中华民族的理想追求，也作为人生追求的一种最高准则。

（五）关系理念

现代意义上的共生的主要内容，不是回归自己和别人融合的共同体，而是一面接受与他者存在的对立紧张关系，一面去创造出丰富的关系。所以在哲学层面上看，共生本质上是一种关系，一种人性化、创造性与开放性的相互依存关系，一种存在关系，而这些往往是由人来赋予的。它是可以通过某种共同的价值追求的"异质"

关系，因而说共生并不排斥共同性，相反以其为坚实的基础，这里，也就是说对"异质"关系的追求并不完全排斥同质关系。但这种关系并不是抽象的，在人的视野中，它可以具体化为如下关系即：人与自然的关系、人与人的关系（其中包括个体之间、群体之间以及个体与群体之间的关系）以及人与自我的关系，其中在人与人的关系中又可以从不同层面、不同领域以及不同视角来加以细化。在关系维度上认识共生的另一个方面是，共生作为横亘在现在主义与后现代主义之间的一个哲学范畴，既是对现代主义尤其是其主客对立二分思维模式的规避与超越，也是对后现代主义极端反理性的消解，在态度上它类似于德国哲学家哈贝马斯，他在交往理性的基础上为现代主义进行了辩护，他强调的是互主体关系，呈现的同样是一种关系思维。同样，"丹尼尔·贝尔认为进入后工业社会，前工业社会和工业社会人与自然和人与机器二元对立的关系已经转化为人与人主体间的关系，因此，传统的二元论思维方式已不再有效。

（六）生活理念

共生是动态发展的，因而这里就有一个"何处共生"的境域问题。对于这个问题的答案，我们认为：共生的发生之域不是冷冰冰的僵化的科学世界，而是无限丰富的充满对话与交往的生活世界。其中这里的"生活世界"的概念指的既是贯穿于胡塞尔现象学中的一个核心概念，又是被后来不少思想家如维特根斯坦、海德格尔所关注和发展的概念。它的基本思想倾向和精神实质如下：其一，生活世界不是一个单向度的世界，而是一个自然与文化，肉体与灵魂浑然一体的丰富世界；其二，生活世界不是由抽象符号所建构的封闭世界，而是一种开放的、主体间共同拥有的生动鲜活的人文世界。总之，生活世界是对自身被科学"殖民化"的拯救，它与共生哲学的内蕴息息相关，展现了生活世界自身的共生性，可以说，生活就是共生的，而共生则贯穿于日常生活的每一天，它无需你抛头颅洒鲜血，却要求你时刻铭记在心，把它融汇在你的言语举止里，使之成为你的文化本能。在其中，生活本身的交往与对话又凸显了共生哲学的实践特性。

综上所述，我们可知：共生并不仅仅是一个抽象的名词或者概念，它内蕴着丰富的思想、基本的理念以及独特的思维方式和视角。它的产生、发展有其时代的必然性，它是在当今时空坐标中人类的理性选择，而共生哲学所内含的深刻思想，尤其是思维方式的转换将会带来新的改变，因为当新的世界图景较之旧的世界图景发生重大变化时，新的世界图景就会促生一种新的思维方式。与过去以对立斗争为特征的世界图景相比，当今世界更多表现出的是和谐共生、协调并举的图景。所以，我们认为：共生哲学及其基本理念将是人类的优先价值选择，如此世界也将会是另一幅图景。

四、事实与价值：共生哲学视野中的关系世界

我们提及当下对共生的认识已经由事实层面进入价值领域，事实上，每一个事实都有价值负载，而我们的每一个价值也都负载着某个事实。而作为一种哲学形态，共生哲学理论的生命力在于对现实的正确解释并能应用于实践。所以，从这一点上说，共生理论的理论价值与意义在于它提供了一种对于自然、社会现象认识的新的境界、新的思维、新的方法，唤起人类的觉悟，走向更高的文明程度。不仅如此，它唤醒了人们对建立一种更具伦理性的人与人、人与自我、人与自然关系充满了向往与憧憬。

（一）共生自然界

1、微观共生的自然界——狭义的共生现象

共生是自然界的普遍现象，这已经被生物学尤其是生态学研究证实，大量的共生事实表明：它更多地体现为异物种间的生物生活、生存与存在关系。不仅如此，现有的生物学研究还发现：不仅植物与植物、动物与动物、微生物与微生物之间存在共生，而且植物与动物、植物与微生物以及动物与微生物之间也有共生现象，可以说，整个地球是共生的地球；另一方面，从物种的起源、进化的视角来看，内共生起源说或者理论则阐明了异物种之间的创造性，一定程度上可以说，共生是新物种创生的一种机制与生命进程。当然，自然界的共生现象也因人的参与具有了选择性、价值性，进而，这种自然界共生与人类的关系体现于人类的劳动中、人与自然的交往中，也使得自然界共生影响了人类的态度、情感与行为，例如前述我们对自达尔文以来的"生存竞争"理念的反思与批判，再例如当前我们把促进与保持自然

界的共生作为人类未来生存与发展的当然选择，这既是对原有的"生存竞争"理念及其现象的规避与超越（而非一种简单的并存），也是对共生理想的追求。如此以来，共生象灰姑娘一样，人类认识的魔棒与关切的目光开始触及共生现象及其本真内核，我们也开始了对共生的全方位探索。

2、宏观共生的自然界——广义的共生现象（生物圈共生）

人对共生的认识往往有一个提升的过程，所以在强调人与自然界共生的关系时我们实际上已经涉及了广义共生，但远不止此。这里，广义共生指的是整个地球范围内的生命生存或存在意义上的共生、人自身的生物学共生以及人与自然的共生，它不再局限于异物种之间的互动，而是一种生态学的视野，因为"在生态学模型中，说自然中不仅存在着互惠而也存在着对立，这已成了公理性的。生态系统对它自己所支撑的生命也加以阻挠；事实上，生态系统对生命的阻力能刺激生命向前发展，在这一点上它不亚于生命的助力所起的作用。一个物种或一个个体生物的完整是依赖于一个场的函数。在这个场中，完整在于捕食于共生、建构于毁灭、升成与降解的交织之中。可以说，广义共生实际上说明了整个地球是一个生命场，它遵循着整体性思维，注重物种之间的互动作用，其中尤其强调人的意义与价值。至于人的角色也发生着某种转换，正如《圣经》中的管家解释论，即人是世界万物的"看护者"，而非"主人"，人是共生系统中的一个关键环节，人也将因为环节作用的发挥而具有生命意义。

另外，之于人自身，最新的生理学研究揭示：人自身也应是共生的，它意味着在人的生物、生理层面上的生存境界上应实现治疗、预防与保健的统一，共生成为人体不可或缺的系统，它不仅使人的内在微观环境达到一种动态平衡，而且使得人体与外界环境也获得一种动态的平衡。

因此，人与自然共生以及人自身生理层面的共生也是共生的应有之意，不仅如此，它还特别突出了人与自然的内在性、一体化以及双向互动性特点，主张人与自然的平等和谐关系。而在共生哲学的视野中，人与自然的共生需要相互间的多重交往与劳动的生态化转换，之于人与自然的交往，既有认知性交往（往往以科技理性为中介）、也有规范性交往与共感性交往，其中后两种交往在当今是尤其必要的，所以人与自然的共生将是生命感通、认知、伦理与审美等层面的互动共生，它指向人与自然的统一也即是自然人化与人自然化的统一，人的解放与自然解放的统一，这一点在马克思那里，指的是"共产主义"的实现，"自由人联合体"（共生性社会）的达成，但这种实现需要合适的途径与手段。

总之，人的内在与外在生存都离不开环境，而放在整个环境中来看，我们的人性并非在我们自身内部，而是在于我们与世界的对话中。我们的完整性是通过与作为我们的敌手兼伙伴的环境的互动而获得的，因而有赖于环境相应地也保有其完整性。

（二）共生哲学视野中的人

针对共生时代、后工业社会形态中的人的存在与生存问题，我们首先遇到的就是人与人以及人与自我的关系问题，这些都体现在人的生存形态的转型中，因为西方社会学者贝尔在《资本主义文化矛盾》一书中曾指出，在后工业社会形态中、在自然与机器的背景下，人与人以及人与自我的问题成为社会的首要问题。这里，在时空发展的坐标中，世界范围内的人也面临着同样的问题。

1、"我—你"关系的生存结构

由自然界共生到地球范围的广义共生都离不开人的参与，同时，人类自身也应是共生的。而基于共生哲学对人的审视，我们可以发现："我—你"关系生存是人的共生结构，这种生存体现了人自身的关系性、完整性与伦理性。因为人只有个人是不完整的，个人为了作为个人而存在就需要以社会性、共同性为前提，与他者的交流关系、社会关系是必不可少的。这就意味着人类存在的根本是社会性、共同性。所以，我们这里把"我—你"关系视为人的生存结构，这是一种价值上的认定与实践上的追求。

2、共生性生存：人的生存基态

人的生存从内容上来说包括衣食住行等方面，只是仅有这些尚不足以阐明人之生存的全部，这里随着人文社会科学尤其是哲学中心由"物质实体"向"关系实在"转换同样给了我们考察某些问题以新的视角，所以基于"关系实在"论自身的科学性与合理性我们将对人的生存从关系的视角尤其是共生的视角加以梳理，从而透视出人类生存的未来趋向。

（1）共生性生存：多元的视角

共生作为一种关系与生存形态，体现在人身上就是人的共生性生存，这一点主要体现在对人的多重规定中，首先从根基上，人是物理的、生物的，出自宇宙、自然与生命，并与其有着一种无法割断的联系。其次，从人类自身来看，人又是社会的，也即人是政治的、经济的、文化的存在等等，这是人的群性所在；进而人是文化的又体现为人是理性的、情感的与冲动的。再次，从人的范围来看，人又是个人—社会—族类的三位一体，因而说，任何真正人类的发展意味着个人的自主性、对共同体的参与和对人类的归属感这三者的联合的发展。最后是个人的领域，作为一个全息点，任何人类存在在他身上都携带着大脑方面、精神方面、心理方面、感情方面、理智方面、主观方面的基本的共同点，同时又具有他特有的大脑的、精神的、心理的、感情的、理智的、主观的⋯⋯独特性。因而可以说，人是复杂性的存在，而这种复杂性体现了人的共生性生存特征，这是一种理论的概括，接下来我们将从纵横两个方面即历史与现实的双重视角来了解人类生存形态的具体演变及其未来趋向。

（2）圣域共生生存—竞争性共生生存—共同性共生生存：纵向透视

前面曾提及现时代共生的三种类型实际上可以宽泛地理解为一种历史的过程，因为共生的理念在人类历史的长河中是逐渐产生并积淀而成的，在人类社会的各阶段都有它存在的不同形式。所以，这里笔者主要以此为依据来阐述人类生存形态的演变，并侧重关系尤其是人与人的关系来考察人的生存形态的流变，由此我们可以得知：人的生存经历了如下三种转变。

第一，圣域共生生存。历史地看来，人在面对自然、与自然做斗争的过程中开始了群体生存，这种群体生存往往在文化的维度，体现为文化中的"圣域"即每个文化中有一个由信仰、观念、价值、神话和特别是那些把一个特殊的共同体连接于它的祖宗、传统、逝者的东西构成的特定的核心。这是人类早期群体生存的精神支柱，以古代中国为例，儒家文化思想在中国的认同乃至后来的"神化"都是一个确证。在这一时期内，人类在强大的自然面前为了共同的生存而联合起来，人的生存也往往呈现出围绕"圣域"的依赖性、同质性、封闭性等特征,可以说,个体在群体生存时代往往是没有独立生存的空间的,两者相较之下,群体的价值要更受推崇,从群体与个体的发展来看,这时期的生存质量我们无法认同:人的生存是以数量来衡量的,它往往缺少了质的规定,同理,我们可以理解这一时期的教育往往是群体趋向的,例如儒家所倡导的道德(儒家的"圣域")共生主义的理想对教育尤其是道德教育的持久影响。但人类是发展的,社会是进步的,所以人类自身固有的超越性使得人在近代便进入竞争性共生生存时代。

第二,竞争性共生生存。西方世界经过了文艺复兴、启蒙运动的洗礼,人的自我意识逐渐觉醒,在慢慢挣脱群体束缚的行动中人对自身"自足性"的自信使其开始了自由生存,所以这一时期的教育高扬个体价值的旗帜,并在理性的指引下人终于进入新的生存状态。打破了"圣域"的神秘性与同质性之后,人的生存有了质的飞跃,个体的独立性、开放性、异质性则成为人生存的突出特征,而反映人类生存状态的教育也具有了个体化的色彩,可以说,这一时期的教育已经具有了竞争色彩。但历史发展并不因此而停止,再由于个体的极端发展——个人主义的出现更使得竞争性共生生存无法持续下去,于是,人类进入更新、更高的生存境界。

(3)由竞争性共生生存到共同性共生生存:横向的剖析

历史的车轮带着上个世纪的沉重缓缓驶入 21 世纪的门槛,一个新的千年开始了。但人类并未因此松了一口气,相反,人类仍然无法摆脱的是自近代以来的竞争尤其是生存竞争理念及其派生的种种行为。可以说,当今时代、当今社会,竞争仍然是强生时代的标志,为了规避与超越,我们首先分别从理论与现实的角度剖析竞争的方方面面。对我国而言,以儒家、道家思想为代表的传统文化是否弃竞争的,所以几千年来的发展强调的是"和为贵""和而不同""中庸""大同",只是到了近代由于内外交困,在"西学东渐"的前提下,中国的文化中引进了西方的思想,它包括科学与民主以及后来的马克思主义,此间进化的思想开始渗透进社会发展的过程。而西方自全球化进程始便在全球进行殖民与文化同化,其间进化的思想昭然,之所以一直强调进化,那是因为竞争尤其是生存竞争自达尔文开始已经成为时代与社会的特征。当下,随着全球化的深入,竞争日益具有了国际性、全球性、全方位性，在历史与现实的坐标上，竞争决定了任何参与者的位置，"强者生存"早已取代了"适者生存"，所以在全球竞争中占据主导成为国家与社会的努力方向，我们无法否认我们正处于"强者生存"的时代，但是在原有生存竞争理念下的生存将会是一种恶性生存状态，这已经有很多明证，我们应该对此警醒。

但竞争带来的活力与热情并未冲昏人类自身的理性，全球性的相互依存、全球问题导致人的生存困境使得人类开始反思自身的生存方式、形态与生存境界。同时人的认识上的推进包括复杂性科学的出现、哲学上对"关系实在"的强调，从方法论的高度清理了以"竞争"尤其是生存竞争为内核的世界观、自我观，人类进入"生命原理时代"，由于生命自身的复杂性、共生性，所以"共生"开始进入人的视野，从多个层面对人进行了新的启蒙。人开始以"共生"为价值的选择与追求。对应于竞争性共生生存的共同性共生生存，在其间，教育的意义与价值也随之转换，它开始关注自然、社会与人各自的独立性与价值以及它们之间的相互依存与共同发展的价值，所以，基于以上分析笔者倡导"共生（尤指共同性共生）"的教育，它是指向优质生存的优质教育。

（三）共生哲学视野中的社会

基于共生哲学来看社会，我们可以得知共生在社会领域中的具体体现，即作为社会构成的共生、作为价值追求的共生以及作为道德规范的共生。

1、作为社会构成的共生——社会共生论

对于社会的认识，一般认为，社会由三大系统即政治、经济和文化（文化中包含道德和道德教育）构成，其中每一个系统内部及其系统之间有着密切的联系，在笔者看来，社会是一个有机的整体，具有共生性，其中，社会在共生哲学层面上的共生包括：

（1）政治系统中的共生：这里主要体现在政治的目标追求上，总体来说它是对传统社会之专制、特权的否定与超越，具体表现为对民主、平等与正义的追求，其中共生与正义的关联密切，对此，研究者毛勒堂强调，正义与共生的理念息息相关，它总是指证着共生的理念。

（2）经济系统中的共生：当下，经济形态的历史演变昭示了经济中共生的必要与可能，在由自然经济—商品经济向市场经济转变的过程中，全球经济的一体化的发展预示了经济领域共生的趋势，但是，这种共生往往具有共同的特质，因而需要一种异质因素如文化或传统因素的参与。

（3)全球化背景下文化系统中的多元共生: 全球化趋势使得族际文化间的对话、交流与沟通成为必要，而民族文化的认同也同时凸显，所以研究者李德顺强调共生意义上的"和而不同"，注重异文化的神圣性以及异文化之间的交流与创生，更多地是关注共生的异质性。

（4）社会生活中的共生（生活视角）：共生哲学的生活理念阐明了共生作为一种生活方式，它是对生活世界的追求，也是对人之完整、完满与整体性的认识与主动追求。

2、作为价值追求的共生

共生作为一种哲学理念，它超越了主客二分对立、非此即彼的思维方式，主张一种拓展与提升的思维方式，因而，在价值追求上它强调对普遍性与异质性的双重追求，也即是注重共性与个性的统一性，这是一种对某种共同基础上的个性追求。在人本身则是个性与共性的统一，这是一种人的本真追求。因为，人为自己而活，但却不是靠自己而活。虽说我们是孤独的，但如果把价值都看做内在于我们，而否认我们周围的荒野也有价值，便是陷入了错置价值的谬误。同样，对他人的价值认同也是如此。所以，倡导共生理念及其生存方式就意味着必须要对生活方式进行自我变革，承认种种异己者的生存权利，在激烈的经济竞争中兼顾弱者的利益，在个体本位的基础上，建立体现自由、平等、公正精神的友爱和谐的人际互动，实现异质的多样性的自律性人格的共生，并尝试在共生理念指导下达成'透明的公开的决策过程的制度保障的支持。这是一种优先的价值选择。

3、作为道德规范的共生

由价值领域延伸到伦理领域，共生意味着一种伦理，一种人本（道）主义伦理，它强调交往、对话，注重平等、尊重、宽容与关怀等价值，在人则体现为人的关系品质与意识，如关怀、爱、尊重以及宽容意识，这些都体现在人的诸多关系中。这是对当今人与自然关系、人与人的关系以及人与自我关系的规范，它体现为一种交往的规范，这些最终体现为人与人的关系。在共生哲学的视野中，人与人之间的关系是全面的、整体的，具体表现为：个体与个体之间、个体与群体之间、群体之间以及个体与类之间的关系等诸多关系，这些关系在当今世界与当今时代均显示了各自的重要性及其意义与价值。既然作为一种价值尤其是伦理的设定，共生对人与人之间关系的追求必然具有价值性，且关系并不是一个抽象的、超时空的存在，与以前时代与社会中的人与人之间的关系相比，共生视野中的人与人之间的关系越来越呈现为人与人之间的竞争。其中个体间、群体间以及个体与类之间的关系更为突出。与以往的圣域共生、竞争性共生分别对同质性的和纯粹异质性的追求不同，共同性共生对人类个体的独立性持一种肯定的态度，同时又寻求一种对"他者"的认同与肯定，体现为"面向他者的善"，这是一种人性化、开放性的关系，是一种以人为本的伦理，同样对道德教育提出了新的要求。

（四）共生哲学的基本理念与教育：共生哲学视野中的教育

既然共生哲学视野中的关系是整体的、全面的、人性化的、创造性的，且其中人居于重要地位，那么与人密切相关的教育也同样会具有共生的色彩，这里依据共生的内涵厘定以及共生哲学的基本理念：

1、共生哲学的生命理念与教育的共生性

当今时代,教育与人尤其是教育与生命的关系成为教育理论与实践的当下关怀，这里，共生哲学基于自身的生命理念也给予教育与生命关系以新的理论阐述。如前所述，共生是生命的本质，在最广泛的意义上，只要能积极建构创造性关系、创生意义的都可以称之为生命，其间体现了生命的共生性，进而生命因共生而丰富与高贵，因此从生命的内部、外部来看，生命的共生不仅包括人、动物、植物乃至微生物，而且还包括使生命具有生命活动的非生命物质的共生，也因此才能说人与自然是共生的，因为其中渗透了生命的共生本真；而从生命的内部来看，无论物质生命、精神生命或者种生命、类生命的共生之于人都是必要的，它指向人的全生命，其追求不同生命要素之间的和谐，这个生命是共生的，因而基于生命的共生性，我们可以从生命外部追求人与社会、人与他人以及人与自然的共生，亦必须从生命内部追求人与自我的共生即对自我的关切如自爱，具体而微至理性与非理性的共生。不仅

如此，这种共生的达成还需要一定的方式与途径，它指向人的全生命存在与发展，因而，其间以"人"为目的的教育将被赋予这一使命，从而教育呈现独有的共生特性，其本质在于生命之共生性，所以以此为旨归的教育应致力于人之共生性，不仅要追求人与社会、人与他人、人与自然以及人与自我的共生，而且还要具体而微至更为具体化的共生，如教育中科学课程与人文课程的并重就是从生命层面而致力于人的共生的，所以教育在不同的层面上不同的维度上呈现出共生性、生命性，而且二者是统一的，它根源于生命的共生性，教育既是人之共生的体现，也是人之共生的机制。尤其是共生哲学视野中的新生命观要求教育自身的共生。

2、共生哲学的过程理念与教育的过程性

现代西方过程哲学在论述其哲学理念时提出共生的范畴，它指向一种空间宽容性，也即过程哲学不仅强调时间的连续性（"转变"）而且强调空间的宽容性（"共生"），因而其主张类似于具体的科学、人文与技术的并重，与此稍有不同，共生哲学对过程的强调还注重一种时间的宽容性，也即过去、现在与未来的统一，而非单纯的关注"现在"，所以这里过程呈现出时空的共生性，这种共识往往基于共生之生命特征的动态发展，因而共生哲学的过程理念具有生命性、时空性的内涵，而在三者的交叉融合中，处于节点位置、唤醒引发意义的人，不仅是全生命的而且具有时空性，所以作为一种哲学的理念，共生哲学的过程理念更多地强调其之于人的使命，其间教育也无可避免地体现与追求这种共生。之于教育，共生哲学的过程理念给予教育一种过程思维，既注重自身的发展，也注重人的发展，这一点不仅表现在教育过程本身，而且表现在教育之于"他者"教育的开放性，教育时间上的"共时"性，也即对教育历史的吸取以及对教育未来的预测，也是教育的责任，它是共生哲学之过程理念所赋予的，同样，在怀特海与杜威那里，教育的过程性也得到明显的体现，其中体现了一种空间宽容性，如怀特海对人文、科学与技术等课程的重视以及杜威对活动教育意义的重视。

3、共生哲学的异质共存理念与教育的异质性

历来我们的教育以及对教育现象的认识往往是把"异质"排除在视野之外，尤其是近现代科学主义及其教育的程序化、划一化、标准化要求更使得"异质"边缘

化，只是后来对个性、差异的强调才使得"异质"逐渐进入教育的视野，如此以来教育呈现"异质性"，但这是基于个性差异的论述并使之付诸实践。与之稍有不同，我们这里对教育之"异质性"的论述则基于共生哲学的异质共存理念，也即不仅重视"异质"，而且追求"共存"。关于"异质共存"现象及其理念，我们从共生之生物现象的考察，可以得知，异物种的开放与共生作为一种与生存竞争相联系的生物现象，逐渐引起了人的注意，从哲学的层面上来看，共生不仅意味着对异质（"他者"）的认同与肯定，而且也意味着对"非此即彼"之"生存斗争"理念与行为的超越，它追求"共存"，其指向全生命、时空共存，因而在共生哲学的视野中，异质（往往指"他者"）是一种希望，它有着自身的价值，其存在本身就是一种价值，因而与异质的互动则构成了时间"共存"新图景，这是指向全生命的时空共存，它重在强调异质、共存，这既是对中国传统"和而不同"思想的开拓，也意味着对西方后现代之"差异"强调的回应，它是基于事实对共生现象的哲学提升，不同于"生存竞争"，因而在更为具体的层面上，是对人之个性、差异的重视，而这种强调与共生哲学的其它理念息息相关，因为这种"异质共存"具有生命性、时空性，所以以此来阐述共生与教育的关系，我们可知：教育在共生哲学层面上对"异质共存"的追求，也即教育对个体个性、差异的强调同时也把视野转向了"他者"，意味着对"他者"的肯定，这种肯定就是一种开放，一种对话，一种希望，因而说，教育的"异质性"也即是教育的"他者"性与"共存性"，教育也因此具有了"他者"发展价值，这是共生哲学赋予教育的历史使命与当代责任，也是教育之开放、对话与交流的依据所在，我们对"异质"的强调与肯定，往往追求的就是"共存"，所以说以未来着眼，教育的异质性不仅表现对人之个性，差异的强调，而且也是对包括人在内的"他者"的强调，例如对自然的强调，其强调与肯定的过程就是"共存"，也意味着教育自身共生的时空性，以及教育过程本身的异质共存性，从而教育具有了新的使命与责任。

不仅如此，共生哲学的异质共存理念同样从主体性教育理论层面揭示了共生哲学与教育之间的内在关系也即主体性教育理论的新发展——对主体间（际）性的重视与培养，因为，这里的主体不再是抽象的、无内容的主体，而是具有异质性因素的主体，其目的是异质主体之间的共存，也从理论上丰富了主体性教育理论，给予主体性教育以新的内涵。

4、共生的关系理念与教育的关系性

当前，"关系"思维作为一种新视角已经引起教育研究者的诸多关注，并针对不同的关系观来重新审视教育，这里，我们主要是基于共生哲学内蕴的关系思维来展开的。经由共生哲学理念的本质来看，共生就是一种关系，一种人性化、创造性、开放性存在关系，它意味着对原有的生存竞争理念下对立、紧张关系的消解，对一种共同性、亲和性的丰富关系的认可与建构。在生物学领域，它表现为异物种之间的存在与生存关系，体现在人身上即是人与自然、人与社会、人与他人以及人与自我的共生，再具体一点还表现为：异质文化之间的共生、人与技术的共生、内部与外部的共生、部分与整体的共生、历史与未来的共生、理性与感性的共生以及宗教与科学的共生，诸如此类均是指在异质者之间创建一种丰富的亲和性关系，意味着彼此都是一种平等性的存在；不仅如此，上升到哲学层面的共生哲学还体现为一种关系思维，它是对原有主客二分对立思维模式的改进与提升，它强调的是拓展与提升而非取代，从而形成一种差异共生局面，所以共生哲学的关系思维所显示的关系的丰富性与多元性，也即不仅是横向上的拓展，同时也是纵向上的提升，从这一点上看，共生哲学思维注重异物种之间的对话与交流，也注重不同层面的对话与交流，这一点体现在人身上，在人与自然的维度，就是指人与自然的关系在生命感通、认知、情感、伦理与审美等层面的拓展与提升，从而凸显生命的关系性，可以说对"关系"的强调，集中体现于人身上就是对人之"关系"的强调，就是对人之"关系性自我"的强调，从共生哲学来看就是对人之"共生性存在"的重视。如此来透析教育与共生的关系，我们可知教育的关系性不仅体现为对"关系中的人"的价值追求，而且也体现为对原有教育哲学基础尤其是主客二分对立思维模式的批判与超越，因而从共生哲学的视野看，原有的偏于某一极端的教育不仅造成了人自身的贫乏，而且造成了人之关系的贫乏，如此以来，人将不复为人，它是一种单向度发展的、简单的存在，人不仅失却了丰盈，而且也失却了高贵，这一点集中指向当下人之精神性的失落，因而共生哲学的关系思维之于教育，不仅意味着对原有教育基础的批判，而且也意味着对理想教育的建构性追求，这种关系思维亦同样体现了一种生命性、时空性与异质性。

5、共生哲学的中和理念与教育的价值性

既然共生哲学强调生命性、时空性、异质性与关系性，而且其往往指向一点：共生哲学的价值落脚于何处，这是共生哲学的中和理念所着力阐释的。这里，从共生哲学的传统渊源与西方渊源看，它指向一种和谐、统一，这体现在"中和"理念中，它追求一种共同性共生，这既是对原有的中国先秦"大同"理念的当代开掘，也是对马克思之"自由人联合体"的新阐释，它是对"中庸"与"和而不同"哲学的理念的双重强调，因而这是所谓的"大同"就是指一种个体相对独立存在的、某种共同价值理念下的共生，它内含"共同"与"共容"，从教育思维上看，教育学者鲁洁认为，这种理念应成为教育学的时代性思维。不仅如此，从教育与社会的关系看，对新社会形态的价值设定也成为教育超越性的具体体现，它意味着对共性与个性的并重，它致力于和谐、共生，教育也因此应以"中和"为首要价值选择，不仅致力于人和，而且还有天和与心和，从而达到一种动态平衡的和谐状态，因而，综上可知，共生哲学的中和理念意味着对共同与共容价值的追求，对共性与个性的双重强调，这同时也是教育之价值性的体现，所以，共生哲学视野中的教育应致力于一种"中和"价值，这是共生哲学对教育永恒的诉求，也是教育自身发展的标尺所在。

6、共生哲学的生活理念与教育的生活性

由共生的内涵界定我们可以得知：共生的生活特性，即它不仅是一种生活用语，而且也将会在生活中实现与发展，这一点也展现了生活本身的共生性，可以说，二者是相互规定的。同时，共生作为生活用语，也是对科学（世界）本身的抗争，因而其要消解的是科学及其派生物的独霸与主导局面，从而使生活呈现一种共生取向，所以共生哲学的生活理念不仅强调生活本身的丰富性，而且也是对科学世界的消解与重建，它注重生活本身的关怀特质与对话性，因而这一点，之于人就是人向生活世界的回归与提升以及人对科学世界的重构（人文化），如此来说，以人为本的教育也相应地促成人向生活世界的回归与提升，也因此教育向生活世界的回归成为前提与条件。因而，从共生哲学的视野看，教育向生活世界的回归致力于共生，致力于对科学世界的批判与重构，致力于对人之单向度发展的拯救。一定程度上，可以说，只有在生活中，人的生命性、时空性乃至异质性才能凸显出来，人才是共生的，从而人与社会、人与他人、人与自然以及人与自我才是共生的，它是一种活生生的、创造性的关系，这就是生活中的共生。这应该是教育与共生哲学关系的一个维度，也将会是当今教育生活回归的理论依据之一，但稍微不同的是，这是教育向生活世界的回归，意味着人在生活中的共生性存在，它指向科学与人文、技术的共生，而不是单纯的否定与取代。

综上所述，共生哲学作为一种世纪之交的哲学理念有着自身的特质，而以人为中心的种种特质又与教育息息相关，从而赋予教育以新的特质与价值追求。同时这也是对当代教育发展的某些趋势的一种回应与阐释，它为教育发展提供了一种新视角、新思维、新境界。尤其在共生哲学的视野中，我们每个人追求的最终目标就是共生，与他人共生，与自然共生，与宇宙共生。人，其实是共生的人。因为人只有作为共生存在，才能有清晰的存在意识，也只有如此，人可以有终极的存在意义。此间，教育，作为培养人的社会实践活动，是指向人的生存、生活与发展的，尤其近期对于教育的探索——优质教育更说明了这一点。对于优质教育，现有的探讨往往认为：优质教育是在教育均衡的基础上发展起来的，目前的研究强调的是对学校教育尤其使学校建设的优质要求，同时也为教育实践指出了努力的方向，总的来说这些探索具有其价值和意义，但笔者认为仅有这些还远远不够，依据当今对人的生存状态的总体考察，笔者认为：优质生存即优化的共生应该成为优质教育的旨归。

从共生哲学所内蕴的生存样态来看，教育与人的生存是密切相关的，可以说，教育是人的生存之所也是人的生存阶段，它在纵、横两个维度拓展了人的生存广度与深度，因而，这里笔者基于教育与人生存的关系，从纵横两个维度对人的生存流变进行梳理，从而指出人的优质生存（优化的共生）才是当代教育的价值追求，也是当前优质教育探讨的最终目的所在。

第三节 公民环境教育的目标共生

自上世纪 80 年代以来，随着全球第一次环境保护运动的兴起，有关环境教育的研究逐渐受到学术界关注，并成为研究热点。同时，环境教育的目标及其相关的研究也逐渐进入了研究者视野，一些研究成果相继问世。在学校环境教育领域，历次国际环境教育会议的主要文件或一些国家的课程指南等都环境教育的目的和目标有所描述，其中以 1975 年的《贝尔格莱德宪章》和美国的 H.R. 亨格福德博士等的一些提法影响比较深远。《贝尔格莱德宪章》将环境教育的目标划分为 6 个方面，可以浓缩为 6 个主题词：关心、知识、态度、技能、评价、参与；美国的 H.R. 亨格福德博士于 1980 年提出的环境教育目的包括四个层次：①生态学基础水平；②概念意识水平；③调查和评价水平；④环境行为技能水平。这些研究均涉及到了有关环境教育的目标问题。但对于广义的公民环境教育而言，由于公民环境教育目标的设定关乎环境教育内容的选取、教育方法的采纳、教育主体的知识准备、教育效果的优劣等问题，因此有关公民环境教育目标问题的研究具有重大的学术价值和实际指导意义。

一、公民环境教育的目标谱系

公民环境教育的目标谱系包括知识目标、技能目标等七个大系。现分别分析如下。

1、知识目标

这里的知识概称环境类知识。公民环境教育与其他形式的环境教育一样，受教育者环境知识的增长是衡量这一环境教育目标实现程度的一个重要因素，因而在公民环境教育内容中占有重要的地位。因为环境知识对环境意识的养成以及环境伦理观念的形成等均有基础性的作用。在众多的知识中，生态学知识，保护区知识，地域知识，环境保护的政策、法律、法规等知识这五个领域在知识目标中又显得尤为重要。

2、技能目标

包括环境保护技能或低影响技能、生态审美技能。其中低影响技能是指受教育者在日常活动过程中降低对环境负面影响的技能；而生态审美的伦理基础是自然中心主义或生态中心主义，生态审美技能表现为生态审美主体在愉悦地知晓可认可生态伦理的基础上掌握分析或体会不同生态因子或生态系统的不同组成部分和谐统一的客观存在。

3、意识目标

这里的意识概称环境保护类意识。意识是精神的注意与认识的统称。意识（Consciousness）就是我们的觉知状态，即对我们自身、外界的环境事件以及自己与外界环境事件关系的觉知状态。在公民环境教育目标中，意识一词特指客体的环境意识，即受教育者对环境保护、环境问题、生活生产活动的环境影响以及从事环境学习的觉知状态或注意认知状态和敏感性。它一般包括环境保护意识、环境忧患意识、环境影响意识和环境学习意识四个方面。

4、伦理目标

广义上的伦理既包括传统意义上的人际伦理，又包括现代意义上的环境伦理。即它同时包含存在于人与人之间的道德关系及人类与自然环境间的道德关系。研究公民的伦理问题将有助于解决公民认识环境保护、利益分享与当地社区经济发展关系平衡问题，从而提高公民对可持续发展理念的理解和认可。伦理准则主要包括环境伦理、管理与开发伦理、社会组织伦理以及旅游者消费伦理四个领域层。

5、行为目标

这里的行为是环境保护行为或低影响行为的简称。行为是知识、技能、伦理等内在素养或心智运算技能的外在表现。客体环境保护或低影响行为的付出是公民环境教育的外在行为目标，行为主要分为在自律和他律两个方面，具体表现为垃圾处理及对他人消极行为干预（包括对他人污染行为进行提醒和劝阻或举报针对保护对象的违法或犯罪行为）。

6、评价与建议目标

这里的评价与建议是指受教育者在接受公民环境教育后对相关的环境事件、环境开发行为等进行客观的评价或提出开发管理建议的行为。在公民环境教育中，受教育者评价与建议能力的获取和特定行为的付出是环境教育的重要目标之一，属较高层次的教育目标，这一由环境知识、意识、伦理、行为等共同作用的个体行为可能影响或改变其他环境行为主体的决策，因而具有一定的现实意义。一般来说，评价与建议主要包括偏好品质或性质评价以及管理与服务建议二个在的方面的内容。

7、意愿目标

在心理学上，意愿（willingness）是指将来付出某一行为或接受某种行为后果的心愿。在生态经济研究领域，学者们常援用支付意愿或接受赔偿意愿来评估某一资源的货币价值。受教育者的意愿可能是多样的，如学习环境类专业、充当环保志愿者、担当义务讲解员、选择环境保护职业、进行财物捐赠等意愿等。由于各种条件的限制，客体的意愿并不必然导致相应行为的付出。然而，单是意愿有无的本身却可以在一定程度上用来衡量公民环境教育目标达成的程度。

二、公民环境教育目标间的共生关系

在生态学上，所谓共生是发生关系的双方均有肯定的效果（互利共生）或者对一方有利而对另一方无害（偏利共生）。在上述七个目标大系中，各个目标彼此之间发生着关系（见图）。这些关系主要体现在如下三个方面：

1、环境知识及环境保护技能是基础

环境知识的获取有利于受教育者对环境的认识和感知，有利于积极的态度的形成，这对于环境意识的养成、环境伦理的构建、科学的环境现象或事件的评价、合理的建议的提出、环境保护行为的付出均有基础性的意义。一个明显的例子是，当受教育者具有较强的环境意识，也付出了环境保护行为，但行为却是不科学的甚至是错误的，原因就是他（她）环境保护知识或技能的缺乏，结果积极的意愿却导致了"无知识"或"无技能"的行为。

2、环境伦理的构建是公民环境教育的最高目标

因为构建人的生存利益可以大于自然的生存利益，但人的非生存利益不应该大于自然的非生存利益。这一环境伦理或生态伦理后，受教育者将站在一个更高的角度来看待环境和环境问题。这一伦理构建后，其他的意识、行为方面的问题可能迎刃而解。而且，环境学习及环境公益捐赠的意愿自然会变得更高。

3、评价与建议目标是一个具有多目标背景的复合目标，与其他目标有关紧密的联系有着很强环境伦理观及环境意识的人，其从事评价与建议的主动性就更高，层次也更高；同时，具有扎实的环境知识和娴熟的环境保护技能的受教育者，其评价与建议活动的质量就更有规范性和科学性，就更易被采纳和接受。

综上所述，公民环境教育总体而言具有知识、技能、意识、伦理、行为、评价与建议、意愿方面的多重目标，这些目标之间即相互区别，又相互联系。相关教育主体应努力促使上述目标之间的互得共生，以提高公民环境教育的层次，加强公民环境教育的系统性，实现公民环境教育效果的最优化。

第三章 公民环境教育的历史与现状

环境教育始于 20 世纪 70 年代的西方国家，它伴随着人类生存环境的不断恶化以及环境保护事业的发展而被提上议事日程。为了增强人们的环境意识，从而有效地保护和改善环境质量，环境教育作为一个崭新的教育领域在世界范围内产生，并越来越受到国际社会的重视。

第一节 环境教育的内涵

一、环境教育的定义

1972 年斯德哥尔摩人类环境会议第一次正式将"环境教育"的名称确定下来，并为世界各国所接受。然而，时至今日，人们对环境教育内涵的理解仍存在诸多分歧，尚未达到共识。综观国内外对环境教育的定义，可以归纳为以下三种类型。

第一，认为环境教育是一种过程。

20 世纪 70 年代，澳大利亚教育家卢卡斯（1ucas）提出了著名的环境教育模式：环境教育是"关于环境的教育""在环境中或通过环境的教育""为了环境的教育""关于环境的教育"，是教育学生了解和掌握关于自然环境的知识和信息，同时理解环境与人类的复杂关系，不能孤立地理解环境，就环境论环境，而要将环境看成是一个完整的环境系统，系统内的各组成部分之间具有密切的相互关联性。因此，从这个意义上说，"关于环境的教育"实际上是"关于环境系统的教育"。"在环境中或通过环境的教育"，是指以学生在环境系统中的亲身体验作为环境教育的基本出发点，把环境教育与学生的生活相联系，通过学生的亲身体验去认识环境、了解环境、理解环境、关心环境、保护环境。只有在环境中或通过环境的教育，才能使学生充分而有效地获得对环境系统的情感、态度、价值、知识、信息和技能等。"为了环境的教育"，涉及价值、态度和正面的行动等伦理元素。是指环境教育要直接鼓励学生探索和解决面临的各种环境问题，培养关于环境系统的各种情感、态度、价值并从中获得各种环境知识、信息和技能，形成保护和改善环境的思维方式和行为方式，明白人类在环境系统中必须承担相应的伦理道德责任。卢卡斯将环境本身视为一种有效的教育资源，让学生在真实的环境中亲身体验、主动探究，从而激发他们对环境的热爱，发展其调查与合作等技能，使之形成正确的价值观与行为。

1970 年，国际自然与自然资源保护联盟在美国内华达会议上提出了一个现今常被引用的环境教育定义："环境教育是认识价值和澄清概念的过程，其目的是发展一定的技能和态度。对理解和鉴别人类、文化与其他生物物理环境之间的相互关系来说，这些技术和态度是必要的手段。环境教育还促使人们对环境问题的行为准则作出决策、对本身的行为准则作出自我约定。"换言之，环境教育是培养有科学的环境知识、有解决环境问题的技能、有正确的环境道德意识、有对环境负责任的行为习惯的"四有"国际公民群体的教育实践过程。尽管该定义尚未揭示出环境教育的特殊性，而只是简单地将其定义为一种发展某种技能和态度的教育，但它较为明确地指出了环境教育的性质、作用和目标，而且初步提出要发展环境道德教育。环境教育的这一论断影响深远，并迅速为人们所接受，得到大多数人的认可。

1972 年，联合国教科文组织和联合国环境规划署在贝尔格莱德举行环境教育国际研讨会，提出，环境教育是进一步认识到并关注城乡地区在经济、社会、政治、生态方面存在的相互依赖关系；为每一个人提供机会以获取保护和改善环境的知识、价值观、态度、责任感和技能；创造个人、群体和整个社会环境行为的新模式。该定义扩大了环境教育的外延，既包括环境知识教育、环境道德教育，又包括环境技能教育等，并尤为强调环境道德教育，更为重要的是它看到了环境教育的跨学科性。但对环境教育的界定还处于描述层次上，缺乏理论的严密性和准确性。

1975 年《贝尔格莱德宪章》中指出："环境教育是进一步关心城乡地区的生态对经济、社会、政治的相互依赖性；为每一个人提供获取保护和促进环境的知识、价值观、态度、责任感和技能的机会，创造个人、团体和整个社会环境行为的新模式。"

1977 年第比利斯政府间环境教育会议对环境教育的定义又作出了进一步的界定，会议指出："环境教育是一门属于教育范畴的跨学科课程，其目的直接指向当地环境现实和问题的解决，它涉及普通的和专业的、校内的和校外的所有形式的教育过程。"这一定义较之以往的定义更加全面和成熟，进一步明确了环境教育的跨学科性，并详细地指明了环境教育的目的、目标、指导方针及其教育形式的多样性，为国际上有关环境教育的方案和行动提供了一些指导。

1993 年联合国教科文组织在《转变关于地球的观念》中指出："环境教育不仅应该成为一门新的学科，更应该是一种用环境知识和价值观来深化和丰富各级各类教育中一系列学科的手段；应该体现一种具体的文化敏感性，以便对环境问题作出普遍使用的反应；应该根据新的环境伦理和环境知识规划自己，来有针对性地教育儿童和青年；不仅是一种智力的概括，更应该融入日常生活，激发首创性、社会参与和寻求现实的解决方法，适当尊重他人和为着一致的利益；是一种全面的终身教育，能对瞬息万变的世界中各种变化作出反应的教育。该定义不仅进一步拓展了环境教育的外延，而且更为具体和详尽。

美国《环境教育法》（1970 年）规定，所谓环境教育，是这样一种教育过程：它要使学生环绕着人类周围的自然环境与人为环境同人类的关系，认识人口、污染、资源的分配与枯竭、自然保护，以及运输、技术、城乡的开发计划等等，对于人类环境有着怎样的关系和影响。美国环境保护局认为："环境教育：增加公众的环境知识和意识；为公众提供技巧以作出有根据的决定并采取负责任的行动；提高批判思维、解决问题及作出有效决定的技巧；教会个体从多方面衡量环境问题以作出负责的有根据的决定。"这个定义揭示，环境教育主要的任务是向人们提供有关环境及环境保护的信息，培养人们分析、解决问题及作出决定和行动的技巧。至于行为主体做什么及持什么样的观点应该由其自己来决定。

英国环境教育研究会则认为："环境教育有多种定义……其本质一目了然，帮助个人……理解他们的自然环境的主要特征，他们与自然环境的相互关系，管理自然环境的需要；培养个人责任感和对自己环境状况的积极关注，鼓励他们对环境表现出热情和兴趣。"

第二，认为环境教育是一种手段。

《中国大百科全书》（环境科学卷）认为，环境教育是借助于教育手段使人们认识环境，了解环境问题，获得治理环境污染和防止新的环境问题产生的知识和技能，并在人与环境的关系上树立正确的态度，以便通过社会成员的共同努力保护人类环境。1974年，芬兰国家委员会受联合国教科文组织委托，在查米召开的环境教育研讨会上将环境教育定义为环境教育是达到环境保护目的的一种途径。

第三，认为环境教育是一门学科。

比较有代表性的是我国学者徐辉、祝怀新的定义，他们从"环境"概念入手，概括了环境教育的概念："环境教育是以跨学科活动为特征，以唤起受教育者的环境意识，使他们理解人类与环境的关系，发展解决环境问题的技能，树立正确的环境价值观与态度的一门教育科学。"这类观点强调环境教育的跨学科性，但同时又认为环境教育是一门独立的教育学科。

由上可见，由于环境的复杂性、综合性和发展性，不同的人对环境教育的内涵有不同的看法。但多种多样的环境教育定义有着共同的特点，即都强调综合和广泛的内容；都强调它的跨学科性；都强调环境价值观和伦理态度的重要；都强调环境教育对培养人的环境责任感与危机感和帮助人们掌握解决环境问题的知识、技能的重要性。而且都从不同角度、不同程度地强调了环境教育的基础——使人们正确理解人类与环境的关系。在这些方面大家已达成共识。

《全国环境宣传教育行动纲要》指出："环境教育是提高全民思想道德素质和科学文化素质（包括环境意识在内）的基本手段之一。"结合我国的规定，综观各种不同的定义，这里认为，对环境教育定义的定位应结合环境教育的历史发展及其趋势确定以下要点：第一，环境教育首先是一种教育活动，阐释环境教育的含义，应体现教育的本质。第二，环境教育应着眼于人类同其周围环境之间的关系，这是实施环境教育的核心。第三，环境教育要实现的目的。鉴于此，环境教育应是以提升公民的环境意识、促成他们爱护和保护环境的行为为目的的跨学科的教育活动。

通过教育手段，使公民能够理解人类与环境的相互关系，获得解决环境问题的技能，树立正确的环境价值观、环境态度和环境审美情感。

它包含这样几个层面：首先，环境教育本身就是借助教育手段使人们认识环境，了解环境问题，维护和改善环境质量，提高全民的环境意识，在人们获得环境知识的同时提高环境素质。其次，人们还必须掌握一定的解决环境问题的技能，从这个意义上说，环境教育是发现和解决环境问题的有效措施和手段。再次，手段、工具不能单独发挥作用，它的运用取决于人们对环境的认识水平和道德素质，因而，环境教育必须树立人们促进和保护环境的道德感和责任感，形成正确的环境价值观和态度，这是环境教育中的灵魂塑造工程，是环境教育成败的关键。另外，环境审美情感的培养，能使公民从心里生发出对自然的爱，从而更好地保护自然。

环境教育是一个动态的概念，不是绝对不变的，随着人类对自身、社会和经济活动认识的不断提高，以及对环境及环境问题的认识与理解的不断深化，环境教育的内涵也在逐渐丰富。因此，环境教育的概念处在发展过程中。

二、环境教育兴起的时代背景

环境问题的产生是环境教育兴起的根本原因。二战后，蓬勃兴起的科技革命给劫后余生的西方各国注入了新的生命活力。20 世纪 50 年代中期开始，西方各国的经济发展如日中天，被称为经济发展的"黄金时代"。20 世纪 60 年代西方经济持续快速增长。1952 年至 1965 年间，德国的国内生产总值和国民收入的年平均增长速度保持在 9.8% 左右，创造了"经济奇迹"。西欧的国民生产总值平均增长率由 50 年代的 4.4% 增至 60 年代的 5.2%。战后，执世界经济之牛耳的美国经济持续增长，进入富足社会。然而，这种激增所导致的社会负效应，如环境恶化直接引发了西方人对资本主义现代文明的忧虑、反思乃至反抗。

在发达国家科学技术和生产力以惊人的速度突飞猛进的同时，人类赖以生存的环境也同样以惊人的速度日益恶化。20 世纪 50 年代以后，世界环境相继出现"温室效应"、大气臭氧层破坏、酸雨污染日趋严重、有毒化学物质扩散、人口爆炸、土壤侵蚀、森林锐减、陆地沙漠化扩大、水资源污染和短缺、生物多样性锐减等十大全球性环境问题，从而导致了严重的生态危机，即人类赖以生存和发展的自然环境或生态系统结构和功能由于人为的不合理开发、利用而引起的生态环境退化和生态系统的严重失衡。在 20 世纪的后 50 年，全球环境遭到空前破坏和污染，一些生态学家、政治家称其为 20 世纪人类犯下的三大愚蠢行为之一和"第三次世界大战"。"地球日"发起人盖洛德·纳尔逊曾精辟说道：来自自然的威胁（生态危机）是比战争更为危险的挑战，从德国和日本我们知道一个国家可以从战争的创伤中恢复起来，但没有一个国家能从被毁坏的自然环境中迅速倔起。全球生态环境的严重破坏正残酷地撕毁人类关于未来的每一个美好愿望和梦想，这一影响不仅会殃及一代、两代人，而且将影响几代、甚至几十代人的生存繁衍。

基于上述全球环境问题和生态危机的出现，20 世纪 60 年代末开始，世界各国尤其是西方一些发达国家掀起了一次又一次轰轰烈烈、风起云涌的生态运动。生态危机越来越受到世界各国的关注，这种关注从某个角度上讲已远远超过了国家之间、地区之间、民族种族之间的矛盾和冲突。人类越来越关注自身共有的生态环境和生存家园——地球。对生态危机的关注迫使人类重新审视自身与自然之间的关系，重新审视人类自身原有的思维方式、生产方式、消费方式、发展模式、意识形态、伦理观、发展现，以及世界各国经济、文化、政治的发展前途和命运。

在西方资本主义国家大规模的环境运动中，1962 年，美国女生物学家雷切尔·卡逊《寂静的春天》一书的出版，成为西方环境运动起始的标志。她揭示了植物与动物之间相互联系以及与自然环境之间相互关联的各种复杂方式，以大量的事实论证了工业污染对地球上的生命形式包括人类自身的损害，揭露了人类滥用化学药剂和农药给全人类自身带来的全球性生态灾难，陈述了工业技术革命的生态后果，第一次就环境问题的严重性向全世界敲响了警钟，强烈呼吁人类走出征服自然的恶性循环。《寂静的春天》在阐述了杀虫剂对生态环境危害的同时，还告诫人们：关注环境不仅是工业界和政府的事情，也是民众的分内之事。围绕《寂静的春天》引起的广泛争论为民间环保运动的蓬勃兴起创造了条件。《寂静的春天》是一座丰碑，它惊醒的不仅是美国，而且是整个世界。它引发了整个现代环境保护运动，是人类生态意识觉醒的标志。当时的美国总统肯尼迪读后，倡议次年为联合国自然保护年。卡逊的这部书拉开了"生态学时代"的序幕。

　　1968 年，"罗马俱乐部"在意大利经济学家奥莱里欧·佩切伊博士倡导下成立，以探讨人类社会面临的困境。1972 年，"罗马俱乐部"发表了《增长的极限》，指出：如果不改变现行工业国家的生产方式，世界人口和经济将会发生非常突然和无法控制的崩溃；"无限的经济增长"是当今全球环境恶化的根源。《增长的极限》对正处于高增长、高消费的"黄金时代"的西方世界发出了关于"人类困境"的警告。"罗马俱乐部"关于"只有一个地球"的口号成为斯德哥尔摩联合国人类环境会议的重要背景材料，并成为人类共识。这些有识之士的工作对整个社会产生了重大的精神冲击，引发了全球性的环境研究和绿色生态运动热潮。在 20 世纪 70 年代初，发达工业国家纷纷建立环境管理机构。1970 年 4 月 5 日，美国爆发了以保护环境为主题的 30 万人大规模示威游行，"世界地球日"由此而立。1972 年，第一个绿色政党新西兰价值党诞生于新西兰，之后欧洲国家相继建立了各自的绿色政党。

　　全球环境恶化使得人类面临难以生存的现实，加之先驱者们的奔走呼吁，使人们终于认识到，对自然资源和生态环境的不合理利用和破坏，会给人类自身的生存环境带来危害。此时，培养公众的环境意识，理解人类与环境的相互作用，解决越来越严重的世界环境问题，变得非常迫切。而解决这一切问题的根本战略措施就是开展教育，人们希望通过教育解决环境问题，消除环境危机。在这样的历史背景下，西方的环境教育开始被提到议事日程并得以迅速发展。1949 年，国际自然和自然资源保护联合会成立了专门的教育委员会，意味着人类已经开始注意到教育对环境保护所起的作用，并开始利用教育来增进人类的环境意识，使人类共同关心和保护自己赖以生存的环境。

　　教育改变环境的认识在 20 世纪 60 年代末已为世人所接受。美国率先把环境教育引进学校，随后前苏联也开展了学校环境教育。在这种背景下，世界各国环保团体和组织相继成立。这些团体和组织不仅从事环境保护活动，而且还编写和出版环境保护的书籍和教材。1965 年，在德国基尔大学召开的一次教育大会上，与会者提出了发展环境教育理论的一些设想并就此进行了专门的讨论。因为世界各国还没有一门课程专门负责环境的教育，使人们能深入考虑人类与环境的关系，唤起人们对自然的保护意识。这些设想引起了人们的广泛兴趣和支持。总之，到 20 世纪 60

年代，有关环境教育的构想已经现出雏形，这一切为 1972 年人类环境会议的召开和环境教育发展奠定了最初的基础。

另外，需要指出的是，20 世纪生态学的发展为环境教育的产生奠定了科学基础。生态学理论认为，人类和其他任何生物一样，都必须以一定的生态环境、特定的生态系统作为其生存繁衍的基础，在整个地球生物圈这个最基本、最重要的生态系统中，人类虽然一方面在整个生物界中扮演着特殊的角色，另一方面又无时无刻不依赖于其他生物和自然生态环境。生态学认为，任何生物都有其存在的合理性，物种间不论强弱、大小、进化时间长短，它们在生态系统中的地位是平等的。生态学所揭示的这些成果，对西方公众的传统价值观与伦理观具有颠覆性的意义，它提供的生态学知识向人们展现了一种全新的思维方式，它要求人们以整体的、系统的思维方式看待地球上生命的存在状态。它不仅揭示了地球上人、生物和自然环境相互作用的规律，而且向人们传达了和谐、秩序、多样性和适应等理念，这些观念进入社会的价值和伦理体系，并且逐渐积淀下来，成为人们思维中的基本概念。

综上所述，全球环境问题和生态危机是环境教育兴起的根本原因，而生态学的产生发展为环境教育的产生奠定了科学基础。环境教育成为解决当今全球环境问题和生态危机，促进世界政治、经济、社会、文化、生态环境协调持续发展的重要措施和途径，环境教育也就成为未来社会发展的新趋势和必然选择。

第二节 中国环境教育发展历程

一、我国古代环境教育思想

中华民族有着五千年文明史，我们祖先凭借自己天才的智慧，以独特的视角感悟了人与自然生态之间的关系。在中国传统文化当中，对人的生存与自然、生命与宇宙等关系的认识，明确而生动地体现了我国古代先贤哲人的生态观。祖先对于自然生态的感知与认识形成的生态观，作为一种民族文化，已经深深植根于中华民族心理意识之中，这种具有深厚民族心理基础的生态观，对于我们今天建设生态文明社会具有积极的现实意义。

（一）人与自然和谐相融——"天人合一"的生态观

人与自然和谐相融、"天人合一"的和谐生态观是中国传统文化的一个主基调。中国传统文化中的"天"具有多重涵义，按照道家的解释，是指自然、宇宙万物、物质存在、宇宙本质、哲学本体和终极原因。"天"既包括自然天地万物，又有宗教意义上的权威主宰、创生人与万物、福佑人间的意义，古代人的"天"，不仅是自然意义上的天空，而且是被赋予了精神、气质和人格的人化了的"天"，既是自然之天，又是精神之"天"，二者结合紧密融洽，因而"天人合一"的内涵和主要倾向是人与天在精神上的统一、人与自然之天在观念和行动上的统一。

1、天人感通，动态圆融

在中国传统文化当中，天、地、人、物、我之间的相互感通、整体和谐、动态圆融的观念根深蒂固，如先秦的出行占卜、后来的阴阳风水等等，这是先人在长期的生存体验中形成的对自然世界乃至宇宙独特的赏识和特殊的信仰与信念，这种和谐生态观念坚信人与天地万物是一个整体。在先秦诸子哲学著作中随处可见体现着人与自然融为一体的圆融和谐的生态观，这种生态观充满了东方智慧，如老子的"道生一，一生二，二生三，三生万物。万物负阴抱阳，冲气以为和"，"道大，天大，地大，人亦大。域中有四大，而人居其一焉"，"人法地，地法天，天法道，道法自然"，道家顺应自然、"以人合天"的生态观生发于老庄学说的思想核心。以天地自然之性融合人之性的强调，形成了道家"天人合一"的生态观。在道家看来，天地自然的和谐相生是一种"大美"的境界，人也应该在与自然相融合中获得相应的境界。这里揭示着这样一种思维模式：天如何，人亦如何。在老庄哲学看来，人本身就是自然的一份子，在大自然的怀抱中，人能"致虚极，守静笃，万物作，吾以观其复"，感受到大自然生生不息的流转变化，从而悟出"道"的真谛来。

2、尊重自然，融入自然

道家强调人要以尊重自然规律为最高准则，以崇尚自然效法天地作为人生行为的唯一标准，强调入与自然的融合，人必须顺应自然，达到"天地与我并生，万物与我为一"的境界。庄子所描述的庄周梦蝶时所出现的"栩栩然蝴蝶也，自喻适志与，不知周也"的状态，以及在《庄子·天下》中所说的"独与天地精神往来"，《庄子·田子方》中所说的"吾游心与物之初"等等，实际上是在追求以自己的虚静之心来契合自然的虚静之心。

这种和谐生态观也反映在浩繁的中国古代山水田园诗当中，有代表性的如陶渊明"采菊东篱下，悠然见南山。"李白"众鸟高飞尽，孤云独去闲，相看两不厌，只有敬亭山"，这也正是王国维所说的"无我"之境，诗人们在大自然中全然忘却了自身的存在，他们已经化为了"南山""敬亭山"，体验着山岚的瞬息变化，白云的吞吐呼吸，飞鸟的相与相从，处于"忘言"之中，但心灵之门却洞然开启，捕捉到了"此中"的"真意"，这就是生命从大自然中来，又回到大自然中去，生命与自然本身就是不可分割的整体。古人这种生态观所反映的生态和谐，就在于生命与自然、生命与环境、生命与生命之间这种相容共生、相互依存的和谐。

3、天人合一，以人合天

在古人心中，"天人合一""以人合天"为人生的最高境界。古人认为，天人同性，正如孟子所说"尽其心者，知其性也。知其性，则知天矣。"正因为天人同性，所以天人感应就显得自然而然。董仲舒说："天亦有喜怒之气，哀乐之心，与人相符，以类合之，天人一也。春，喜气也，故生。秋，怒气也，故杀。夏，乐气也，故养。冬，哀气也，故藏。四者天人同有之"。这种天人感应意识的确立，也就必然产生将自然人性化的生态观，认为自然景物都会显现出一种内在的生命或情感从而与人的精神相契合："凄然似秋，暖然似冬，喜怒通四时，与物有宜而莫知其极"，古人正是以自己的思维逻辑构筑起独特的生态观。

而同样是肯定人与大自然的和谐相生，儒家强调的是"万物皆备与我"，孔子的"知者乐水，仁者乐山"，"岁寒，然后知松柏之后凋也"，实际上就是强调以自然山水审美作为人生修养之资，并作为完整人格形象的境界。当然，这种生态观具有诗化的色彩，是精神性的、审美的，并不具备实践意义，但是这种人与自然和谐共生的生态观对后代的精神影响是巨大的，它的可贵之处在于重视生态和谐，形成了中国传统文化当中人与天地自然的一种相融共生的存在状态。

（二）遵循规律合理利用资源——"参天化育"的生态观

中华民族在长期的生存体验中，感悟出天与人、物与我之间不是彼此相隔互不相干，人与自然之间、人与他人之间是相依相待、相成相济、相涵相容的，这是独特的中华民族生态文明理念。《荀子·王制》："斩伐养长不失其时，故山林不童，而百姓有余材也。"《吕氏春秋·义赏》："竭泽而渔，岂不获得，而明年无鱼。焚薮而田，岂不获得，而明年无兽。"在处理人与自然的关系时，既考虑人的价值和利益，也考虑到自然的价值和利益，从而使二者达到一种理性平衡。先秦出色的哲学家孟子在构想他的社会经济基础理论时，就曾明确提出要保证利用自然资源的合理化，强调重视对自然资源的可持续使用价值，"不违农时，谷不可胜食也。数罟不入洿池，鱼鳖不可胜食也。斧斤以时入山林，材木不可胜用也"，这是人类历史上最早以清晰的文字形式明确表述的遵循自然规律、保护自然生态、合理利用自然资源的观念，直观而且朴素，具有相当的实用价值和政治意义，"谷与鱼鳖不可胜食，材木不可胜用，是使民养生丧死无憾也"，这里不仅要人的生活、人的生存与自然和谐，人自身的心灵也要求和谐，达到"无憾也"，人人无憾，社会自然稳定和谐。

儒家认为，整个宇宙由"天""地""人"三材组成，这"三材"共同创造了宇宙的和谐美好，任何一项的缺损都会破坏宇宙的生命和宇宙的完美。因此，人的生命与物的生命要协调发展，要"尽人之性"，也要"尽物之性"，在儒家看来，"尽人之性"与"尽物之性"是密切相关、不可偏废的，《中庸》提出："能尽物之性，则可以赞天地之化育；可以赞天地之化育，则可以与天地参矣。"这里强调的是人不仅要与自然和谐相处以"尽物之性"，更要参与自然的创造历程"赞天地之化育"，这是中国传统文化所展示的促进人类社会发展进步的思想智慧：人类应该善用自然资源来发挥创造力，增强人类生存能力和生活水平，参与大自然的造化之功，换句话说就是人在运用自然资源的同时，参与自然创造并养育自然万物，而不是以违天逆时戕害万物的态度去控制自然，甚至肆无忌惮地破坏自然。

二、我国环境教育发展历程

我国学校环境教育发展大致可分为四个阶段：起步阶段、发展阶段、重新定向阶段和创建绿色学校阶段。

（一）起步阶段（1973—1983）

1973 年 8 月，国务院委托国家计委召开了第一次全国环境保护会议，制定了《关于保护和改善环境的若干决定（试行）》，其中指出："有关大专院校要设置环境保护的专业和课程，培养技术人才"。这一决定标志着我国环境教育的开端。从 1973 年至 1978 年间，北京大学、北京工业大学、中山大学、同济大学等相继开设了环保专业课程，开始培养环境保护的专门人才。

1979 年 9 月，全国人大通过的《中华人民共和国环境保护法（试行）》（该法于 1989 年通过成为正式法案）中，对环境教育作出了明确规定，指出："国家鼓励环境保护科学教育事业的发展，加强环境保护科学技术的研究和开发，提高环境保护科学技术水平，普及环境保护的科学知识。"同年 11 月，中国环境科学委员会举行第一次工作会议，会议建议在全国若干省市进行中小学环境教育的试点工作，在高中增设环境地学课。从 1979 年以来，辽宁、广东、北京等地的试点学校取得了很大的成绩，他们的经验具有推广性和普及性意义。

1980 年，国务院环境保护领导小组与有关部门共同制定了《环境教育发展规划（草案）》，并纳入国家教育计划之中。1981 年，全国环境教育工作座谈会在天津召开，会议传达了全国教育工作会议的精神，研究并布置了国民经济调整时期的环境教育工作，明确了"六五"期间环境教育工作的任务。同年，国务院在《关于国民经济调整时期加强环境保护工作的决定》中，要求中小学要普及环境科学知识，要把培养环境保护人才纳入国家教育计划。

1981 年，中国环境科学学会教育委员会第二次工作会议召开，会议指出："对于中小学的环境教育，主要问题是如何把已取得的试点经验进一步推广的问题，接下来就要解决教师培训和教材编辑出版问题。"在 1983 年的第三次工作会议上，又进一步提出中小学环境教育应当迅速推广普及，并建议增加高中地理的授课时数，组织、编写和出版环境保护的选修教材，加强中小学师资培训和重视青少年的课外环境教育等。

（二）发展阶段（1983—1992）

1983 年，全国第二次环境保护会议召开，会议宣布将环境保护列为我国的一项基本国策，并强调环境教育是发展环境保护事业的一项基础工程，是贯彻落实环境保护这一基本国策的重要战略措施。

1985 年，国家环境保护局、国家教育委员会办公厅和中国环境科学学会在辽宁省昌图联合召开了"全国中小学环境教育经验交流及学术讨论会"，会议建议：要提高对中小学开展环境教育工作重要性的认识，学校环境教育应当渗透在各学科中进行，加强师资培训工作，组织力量编写教学用书，等等，会议还要求环境和教育两个部门必须通力合作。

1989 年，国家环保局宣教司、国家教委基础教育司和中国环境科学学会在广东省番禺联合召开了"全国部分省市中小学环境教育座谈会"。会议总结并交流了昌图会议以来中小学环境教育工作的经验，进一步明确了中小学环境教育的目的、意义和任务，要求中小学环境教育应当制度化、规范化和经常化，并建议中小学在不增加学生额外负担的前提下，采取灵活机动的、多种多样的方法进行环境教育。

1990 年，国家教委颁布《对现行普通高中教学计划的调整意见》，要求普通高中开设环境保护等选修课。1991 年国家教委明确提出，从 1991 年秋季入学的高中一年级学生，将环境教育安排在选修课和课外活动中进行。

（三）重新定向阶段（1992—1996）

1992 年上半年，国家教委组织"全国中小学教材审定委员会"审查并通过了义务教育阶段各科教学大纲，颁布了《九年义务教育全日制小学、初级中学课程计划（试行）》，其中提出："要使学生懂得有关人口、资源、环境等方面的基本国情。小学自然、社会，初中物理、化学、生物、地理等学科应当重视进行环境教育。"由此，环境教育在我国义务教育阶段（即小学和初中）正式确立了地位。

1994 年 3 月 25 日，为了响应世界环发大会的精神，国务院第 16 次常务会议讨论通过了《中国 21 世纪议程——中国 21 世纪人口、环境与发展白皮书》，其中强调指出"发展经济以摆脱贫困，关键要依靠科学技术进步和提高劳动者素质。发展教育是走向可持续发展的根本大计。""加强对受教育者的可持续发展思想的灌输，在小学《自然》课程，中学《地理》等课程中纳入资源、生态、环境和可持续发展内容；在高等学校普遍开设《发展与环境》课程，设立与可持续发展密切相关的研究生专业，如环境学等，将可持续发展思想贯穿于从初等到高等的整个教育过程中。"

1995 年，国家环境保护局制定了《中国环境保护 21 世纪议程》，指出："环境宣传教育，就是提高全民族对环境保护的认识，实现道德、文化、观念、知识、技能等方面的全面转变，树立可持续发展的新观念，自觉参与、共同承担保护环境，造福后代的责任与义务。保护环境是中国的一项基本国策，加强环境教育是贯彻基本国策的基础工程。环境保护，教育为本。要通过高校的各个专业、中小学、幼儿园开展环境教育，来提高青少年和儿童的环境意识。"

1995 年 6 月 5 日，在北京召开了全国环境教育先进单位、先进个人和优秀教师表彰大会，北京市第 13 中学等 44 个单位荣获"全国环境教育先进单位"称号。在此次会议上，李岚清副总理指出："环境保护是可持续发展的核心内容之一，加强环境教育是实现可持续发展的一项战略性措施。提高全民族环境意识，培养德、才兼备的环境专业人才是环保战线和教育战线共同面临的重要任务。"

由此可见，步入 90 年代后的中国，对环境教育的概念作了重新定向，迅速地与国际环境教育发展相接轨。

（四）"绿色学校"创建阶段（1996—今）

1996 年，国家环保局、国家教委、中宣部联合颁布了《全国环境宣传教育行动纲要（1996 年—2010 年）》，提出："环境教育是提高全民族思想道德素质和科学文化素质（包括环境意识在内）的基本手段之一。""到 2010 年，全国环境教育体系趋于完善，环境教育制度达到规范化和法制化。""要根据大、中、小学的不同特点开展环境教育，使环境教育成为素质教育的一部分。""到 2000 年，在全国逐步开展创建绿色学校活动"。自纲要颁布起，在各地教育部门为主导，环保部门积极配合下，学校开始积极参与创建"绿色学校"的活动。

2000 年 3 月，国家环保总局和教育部联合下发了《关于联合表彰绿色学校的通知》，于 2000 年 11 月首次表彰了全国 105 所"绿色学校"创建活动先进学校和

22 个优秀组织单位。表彰会上，教育部副部长王湛指出："是否具有环境意识，是一个国家和民族的文明程度的重要标志。为了实现科教兴国战略和可持续发展战略，适应 21 世纪社会发展的需要，环境教育将成为新世纪中小学课程的重要内容。"国家环保总局局长解振华在会上指出："环境意识、生态文明是现代文明的重要组成部分，对青少年来说，必须具备一定的环境素质.才符合现代社会对每个人基本素质的普遍要求。从这个意义上讲，环境教育是现代素质教育的基本内容之一。"

2001 年 6 月 1 日，中共中央宣传部、国家环境保护总局和教育部印发了《2001 年—2005 年全国环境宣传教青工作纲要》，再次强调要"建立和完善有中国特色的环境教育体系"，把环境教育视为素质教育的重要组成都分，"要采取多种方式，把环境教育渗透到学校教育的各个环节之中，努力提高环境教育的质量和效果"，并号召"继续开展中小学绿色学校，创建活动，要在巩固成果的基础上，使绿色学校创建活动向师范学校和中等专业学校拓展。制定并逐步完善符合我国国情的绿色学校指标体系和评估管理办法。"

由此，在全国范围内各省、市、区县掀起了创建"绿色学校"的活动热潮，2001 年统计，我国各地命名的绿色学校达 4235 所，其中省级 925 所，地市级 2141 所，区县级 1169 所。为了促进环境教育的理论探索和绿色学校的创建工作，国家环保总局宣教中心加强绿色学校培训工作，对省级绿色学校工作主管人员、中小学校长和中小学教师举办了各类培训班，在 2001 年，国家环保总局宣教中心主办或与其他部门、国际组织联合主办了五期培训，参加培训人数达 281 人，同时，各地纷纷举办地方绿色学校培训，参加培训人员达 1380 人。绿色学校的创建，标志着环境教育已成为我国中小学的一种办学理念，环境教育不仅仅是通过学科教学来培养学生环境素质的一个课程领域，而且是一项贯穿于学校的管理、教育、教学和建设的整体性活动，以使环境素质和行为成为学校里所有学生生活和道德精神的内在组成。

"绿色学校"的创建工作，因为它突破了单纯地就环境保护方面对学生进行相关教育，而是将绿色的理念渗透到整个教育工作之中，使环境教育成为一种基本的办学思想，绿色学校成为一种新型的办学模式，环境素质成为必要的教育目标之一，这既与国际接轨，同时，也符合我国新世纪基础教育改革的精神与方向。2001年6月，国务院颁布了《国务院关于基础教育改革与发展的决定》，其中第三部分"深化教育教学改革，扎实推进素质教育"中指出："实施素质教育，促进学生德智体美等全面发展，应当体现时代要求。要使学生具有爱国主义、集体主义精神，热爱社会主义，继承和发扬中华民族的优秀传统和革命传统；具有社会主义民主法制意识，遵守国家法律和社会公德；逐步形成正确的世界观、人生观和价值观：具有社会责任感，努力为人民服务；具有初步的创新精神、实践能力、科学和人文素养以及环境意识。"由此可见，我国政府将环境意识的培养作为现代基础教育中一个基本组成部分，将环境意识视为现代社会合格公民的基本素质之一。根据这一精神，教育部21世纪新一轮的基础教育课程改革中，将环境教育置于优先战略地位。

我国环境教育起步较欧美国家要晚，但在党和政府的高度重视下，在环境科学界和教育界的专家学者的努力下，在各领域有识之士的积极参与和配合下，我国已形成了一个多层次、多形式、专业齐全、内容丰富的环境教育体系，同时，也为全球范围内的环境教育事业的发展作出了贡献。

第三节 中国环境教育发展现状

经过了多年的建设与发展，中国的环境教育已经形成了具有中国特色的环境教育体系，有优点但也存在缺点，本节将通过对目前各级院校环境教育实施状况的梳理与陈述，分析优缺点并给出解决策略，并对我国环境教育的未来发展趋势进行展望。

一、各级学校环境教育现状

（一）中小学环境教育现状

从20世纪80年代中期以来，环境教育已在我国各地中小学开展并取得了一定的成效，积累了很多经验，对于环境知识的普及、环境意识的提高超到了重要的作用。同时，为了促进环境教育在中小学课程中的融合，教育主管部门专门发起了多个环境教育与环境意识项目，下发了大量关于推动环境教育的大纲文件，组织编写专门的环境教育课本等，这些都为环境教育在中小学的践行起到了积极作用。但是，长期以来，学校的环境教育过于注重环境知识的传授，而忽略了相应的价值观与技能的培养，在培养未来公民正确的环境伦理观和社会责任感，以及解决问题的能力等方面尤显薄弱。

为此，目前正在进行中的中国第八次基础教育课程改革中，教育部决定将环境教育正式纳入中小学课程。这一举措将为环境教育在中小学的开展提供组织和机制上的保证，有助于培养中小学生的忧患意识和可持续发展的观念，树立正确的人口观、环境观和发展观，促使他们从关心身边的环境问题入手，积极采取行动，共同创造可持续的未来。

（二）高等环境教育现状

按照《中华人民共和国环境保护法》第二条所明确的环境范围界定，截至1995 年底，我国共批准开设不同层次环境类专业点 544 个，开设单位 241 个，高校 212 所（其中含只设研究生层次环境专业的 26 所院校），科研机构 39 个。其中大专环境类专业点 106 个，专业名称 38 个，开设单位 86 个；本科环境类专业点193 个，专业名称 16 个，开设单位 135 个；环境类专业硕士点 189 个，专业名称26 个，开设单位 143 个，环境类专业博士点 48 个，专业名称 16 个，开设单位 41 个；环境类专业博士后流动站 8 个，专业名称 5 个，开设单位 8 个。目前，我国高等环境教育专业门类齐全，已逐渐成为独立的，既有交叉又有综合的，包括本科、硕士、博士在内的多层次的一级学科教育体系。

我国高等院校的环境教育分为两种类型：一是环境专业教育，通过设立环境科学类专业进行环境教育；二是公共环境教育，即与前者相对而言的非专业性环境教育。据统计，目前我国仅有不足 10% 左右的高校在非环境类专业中开设环境保护课程，大学生接受环境信息和知识的渠道主要为零散的新闻传媒和生活积累，缺乏较为全面的环境教育，而且随着年级升高，学习压力和就业压力逐渐加大，这些信息来源也日渐萎缩，出现了环境感知能力随着年级升高而逐步削弱的现象，这一变化趋势值得重视。

（三）高师院校环境教育现状

高师院校作为高等院校的一个重要组成部分，它开展环境教育的状况不得不提。中国高等师范院校环境教育起步较早，目前相当多的院校已通过多种方式开展相应的教育活动，如开设独立的环境保护课程、举办环保知识讲座、开展宣传教育、组织科技活动等等，但也存在一些明显的不足，主要表现在以下几方面：

第一，环境教育活动缺乏统一的组织和协调，也缺乏明确的教育目标和长期规划；第二，课堂渗透教育的深度和广度随意性大，没有收到应有的效果；第三，独立设置的环境类课程较少，特别是在文科类专业；第四，没有发挥师范院校的自身特点和学科优势，在环境教育的理论研究法研究方面都有待加强。师范院校肩负着培养中小学教师的任务，在师范院校加强环境教育，通过职前教育让学生了解中国的环境状况，提高认识、分析、解决环境问题的能力和从事环境教育的能力，通过他们将来的职业生涯来教育青少年，对促进全民族环境保护意识的提高有其特殊意义。

2003 年教育部先后颁布《环境教育专题教育大纲》和《中小学环境教育实施指南》，它们的实施对中小学环境教育深人开展提出了更高要求，长期以来以课堂渗透为主的教育方式已不适应新形势的要求，取而代之的应是课堂渗透教育和独立设课教育相结合的新的教育框架。但与传统的学科教育相比，目前大多数学校还不具有确立环境教育"课程地位"的条件。另外，正在试行的新课程标准从课程理念、课程标准到课程内容都引人了丰富的环境教育内容，但目前中小学教师一般都没有受过系统的环境教育，所具有的环境科学知识和环境意识水平与新课程标准所确立的环境教育目标相比还有相当的距离，这些都制约了中小学环境教育的深入开展。

因此，高等师范院校应发挥自身优势和特点，在非环境类专业教学活动中切实有效地开展环境教育，加强学生的职前培训工作，实施环境教育的课程化，培养中小学急需的既能从事学科课程教学又具有进行环境教育能力的复合型人才。

（四）存在的问题及对策

我国环境教育的现状不容乐观，其主要表现是：

1、环境教育投入资源不够

我国环境教育总体上投入不够，表现在以下几个方面：首先体现在师资队伍的建设上，由于资金投入少，师资素质受到很大影响，很多老师自身并非环境专业毕业，未接受系统的培训，自己的环保意识和环境科学知识不能到位。其次体现在环境教育资源供给滞后，教材质量不高，知识陈旧，除教材外几乎没有其他任何可用于环境教育的教学资源，这些都非常不利于环境教育的可持续发展。

2、环境教育地区发展不平衡

环境教育发展程度地区差异较大，无论是环境教育的政策、资金投入、教育资源、师资水平，还是公众具有的环境意识水平，经济发达地区明显优于落后地区，城市明显优于农村；同时，对于如何实施不同地区环境教育尚没有明确的可操作模式。

3、环境教育体系发展不均衡

我国的环境教育可分为三类，学校环境教育（包括基础教育和专业教育）、社会环境教育和在职环境教育。我国比较重视学校环境教育，而轻视在职环境教育和社会环境教育。在学校环境教育中又相对重视环境专业教育，轻视非环境专业中的环境教育，可以说，目前国内可接受环境教育的途径非常狭窄，除在校学生能够接受一定的环境教育之外，社会人群几乎没有接受环境教育的渠道。

4、环境教育教学内容不全面

目前环境教育所注重的是环保知识的传授，忽略了环保技能的培养。尽管知识的传授对于提高受教者的环境意识有着很大帮助，但是由于忽略了环保技能的培养，使得受教者即使意识到了自己周围或者是其他地方有着严重的环境污染问题，也无力去解决，只能听之任之。

针对此种现状，我们应当如何去解决这些问题呢？

首先，加大对环境教育的资源投入力度。资源的投入是由国家国力决定的，现阶段我国正处在进行高速基础建设的阶段，大量的资源被分流去进行基础建设，以致于对教育的投入不足。尽管逐年增加，但由于国民对于教育的需求越来越高，所以教育投入仍显不足，这是由我们的国情所决定的。鉴于此种国情，若想获得足够的教育资源，就需要在国家投入的基础之上，积极吸纳社会各方面的资源，寻求多途径、多来源的资金与资源，以此来弥补环境教育资源的不足。

其次，针对我国不同地区环境教育差距较大的现状，除了国家依靠其强大的宏观调控力制定法规、政策，增加教育投入等进行调控之外，各级政府机关（尤其是贫困地区）也应当积极寻求方法，改善本地区环境教育薄弱的问题。同时，广大的环境教育研究者可以努力进行科研探索，构建具有中国特色的环境教育体系，以促进我国环境教育事业的深入发展。

再次，鉴于我国环境教育体系倾向于学校教育的现状，应当建立完善的、可持续发展的、多层次的环境教育体系。中国的学校环境教育体系建设相对于牛会环境教育、在职环境教育是比较完善的，但中国的环境问题不仅仅是面向与学生，它更广阔的是面向于社会、面向于社会的各个阶层，环境问题也不仅仅是由学生就可以解决的，它需要全国、全社会的人群和谐一致，一起致力于解决环境问题。因此，我们要构建一套完善的体系来保障环境教育的大众化、重要化，使全民的环境意识得以提高，具有解决环境问题的技能并在此基础上就得快尔的情感、获得可持续发展。

最后，在宏观层面上，环境教育的顺利开展需要国家、全民的努力。但在微观上，环境教育的教学始终还是要矢志不渝地开展下去，并且要改善以往那种重知识传授轻技能培养的教学现状，在传授一定环境知识的基础上，重点培养环保技能、提升环境意识、获得积极的情感体验。我国的环境教育取得的成就值得肯定，但存在的问题与障碍也值得深思，还需要我们去前赴后继地推动其发展，为我国的环保事业贡献自己的一份力量。

第四章 公民环境教育的内容和原则

第一节 公民环境教育的基本内容

1996 年，由国家环境保护总局、中共中央宣传部、国家教育委员会联合颁布实施的《全国环境宣传教育行动纲要》，对中国环境教育的内容作了阐述。指出，环境教育是提高全民族思想道德素质和科学文化素质（包括环境意识在内）的基本手段之一。环境教育的内容包括，环境科学知识、环境法律法规知识和环境道德伦理知识。这一文件确定了我国环境教育的基本内容。

一、环境科学教育

（一）环境科学教育的定义

环境科学教育是关于环境科学知识的教育，是自然环境保护和合理利用以及保持生态平衡等方面的知识教育和相关技能的培养。它着重于认识环境和培养解决环境问题的技能，力图通过教育培养人正确地认识自然、保护自然，知道什么是环境和环境问题，了解关于环境和环境问题的科学知识。

人的环境素养是一个综合性的质量指标，而环境科学知识是环境意识最首要、最基本的要素，是环境意识建立的基础，是人们树立环境意识、选择环保行为不可缺少的前提。提高公民的环境意识，必须首先向公民传播环境科学知识。环境问题的解决在一定程度上要依靠环境科学知识和技术的不断发展。只有使人们掌握更多的环境科学知识，才能逐步深化对环境问题的认识，才能增强保护环境的主动性和有效性。

（二）环境科学教育的内容

环境、生态和资源的日益恶化，污染的不断加剧，一个重要的原因就是由于人们对简单而又重要的科学事实的愚昧无知而导致的。自然环境是由水、空气、土壤、岩石、动植物等要素组成，它们形成复杂的生态系统，其中每个要素相互依存和相互制约，人也是生态系统中的一个组成成分，是一种能对生态系统带来巨大影响的成分。

环境容量是有限的。生态系统都有一定的负荷能力，如果超过负荷，它的稳定性就会遭到破坏，生态平衡就被打破。生态平衡主要表现为两方面的动态平衡：一是从生物化学的角度说，是水、氮、二氧化碳和氧等物质的有效循环。二是从生物学的角度说，是各物种（至少是绝大多数物种）能保持一个相对稳定的比例关系。在动态平衡条件下，自然界表现为一个具有自我调节能力的系统。当输入、输出的物质和能量没有超过一定的阈值时，它能自动恢复平衡，消除涨落因素引起的负面效应，而且有不断发展、不断完善、不断增大阈值的趋势。但是，当输入和输出的物质和能量超过它的承载能力时，自然界就会失去自我完善的功能，其系统性就会被破坏。全球每年向自然环境徘放大量的废水、废气和固体废物。这些废物有的能够稳定地存在上百年，因而使全球环境状况发生显著的变化。例如，温室气体的增多已使地球表面的温度在过去的一百年中上升了0.3—0.6摄氏度。由于矿物燃料（主要是煤和石油）的使用而向大气中排放了大量的氧化物，这些氧化物和大气中的水结合，形成酸雨沉降到地面，使大片森林枯萎，并使大量微小的水生生物乃至鱼类死亡。工业废水和生活污水如果不经处理排入河流，就会污染整条河流。有害物质渗入地下，则会破坏地下水。

自然资源的补给、再生和增殖是需要时间的，一旦超过了极限，要想恢复则困难重重，有时甚至是不可逆转。所以森林采伐不应超过其可持续产量。森林具有涵养水源、储存二氧化碳、栖息动植物群落、提供农产品、调节区域气候等功能。过度砍伐使森林和生物多样性面临毁灭的威胁。土地利用应谨慎地控制其退化速度，全球土地面积的15%已因人类的活动而遭到不同程度的退化。水并不是取之不尽的。人类消费淡水量的迅速增加导致严重的淡水资源短缺。淡水资源是一切陆地生态系统不可缺少的组成部分，目前人类已面临着严重的淡水短缺。海洋资源也有其可持续产量，过度捕捞会造成渔业资源的枯竭。总而言之，地球生命支持系统的支持力量是有极限的，即环境的承载力是有限度的。人类的活动必须保持在地球承载力的极限之内。开发利用自然资源，必须考虑它们的有限性和不可再生性。即使可以再生，也必须给其以恢复和增殖的时间，否则就会致使自然生态衰竭而难以复苏。

鉴于此，人们应当探索并遵循自然界的平衡机制，珍惜自然资源，节制资源的使用与开发，尤其是珍惜和节制非再生资源的使用与开发，并完善资源的使用与开发方式；维护生态平衡，珍惜与善待生命，特别是动物生命和濒危生命；有节制地谋求人类自身的发展与需求的满足，不以损害环境作为发展的代价；积极美化自然，促进环境的良性发展。而这一切目标的实现需要加强环境科学知识的启蒙教育。对于大多数人来说，环境只是自在的物质空间，是人类生活不可缺少的条件，至于对人类向大自然进军会产生什么样的后果，他们或者一无所知，或者只凭经验知道一些肤浅的表面现象。对自然科学的无知造成人们环境意识的缺失。因此，环境教育首先要把现代环境知识作为教育的基础内容，以此来提高人们的环境科学素养。

二、环境法制教育

（一）环境法制教育的定义

环境法制教育，就是通过增强环境法律意识来提高公民对环境的认知程度，从而使公民积极参与到环境保护中，同时懂得利用相关的法律法规来保障自己所享有的环境权。其目的就是围绕环境保护这项基本国策，加强对资源与环境的保护与管理，以保障环境友好型社会的实现。环境法律意识就是环境法制观念，是环境意识的中心环节，是环境保护的知法、守法、执法及法律监督在思想认识与实际行为上的统一和体现。

（二）环境法制教育的必要性

我国自20世纪80年代开始，除了1989年的《中华人民共和国环境保护法》外，已制定了6部控制环境污染的法律，13部保护自然资源的法律，一些相关法律也规定了环境保护的内容。可以说中国环境保护法制目前已初步形成了由国家宪法、环境保护基本法、环境保护单行法规和其他部门法中关于环境保护的法律规范等所组成的环境保护法律体系。尤其是《宪法》，为培养公民依法保护环境和资源、依法治理污染，提供了立法依据和指导原则。

我国《宪法》规定："中华人民共和国的一切权力属于人民；……人民依照法律规定，通过各种途径和形式，管理国家事务，管理经济和文化事业，管理社会事务。"《宪法》第二十六条规定："国家保护和改善生活环境和生态环境，防止污染和其他公害。"第九条还规定："国家保障自然资源的合理利用，保护珍贵的动物和植物。禁止任何组织或者个人用任何手段侵占或者破坏自然资源。"据此，我国公民可以广泛参与国家的环境与资源保护事业。法律因其具有强制性、权威性、规范性、共同性和持续性等特征，成为环境管理的一项极其重要的手段。依法管理环境是控制并消除污染，保护自然资源合理利用，维护生态平衡的重要措施。因此，环境法律和法规是环境教育体系不可或缺的组成部分。

我国环境保护的主要方面已有法可依，环境法治状况明显好转，基本完成了立法规划中有关控制环境污染的立法任务，为规范市场行为和环境管理提供了依据。而且广泛开展的全国性的环境执法检查活动，有力地促进了环境与资源法的贯彻实施，增强了全社会的环境意识和法制观念。但是，在取得成绩的同时，也还存在着很大的不足，表现在立法与执法、懂法与守法之间存在着一定的差距。

首先，公民环境法制知识缺乏。中华环境保护基金会的全国调查显示，公民有一定的依法保护环境的心理基础，但法律知识缺乏。调查表明公民非常强调环境法规建设在环境保护工作中的重要作用。但是，另一方面，公民的法律知识又非常缺乏，大部分公民对我国有关环境保护的政策法规缺乏了解。公民由于不了解环境方面的法律法规，不了解环境法律法规约定人们对环境应该做什么，不应该做什么，从而成为环境问题上的法盲，出于无知与私利，造成对自然的掠夺和环境的破坏。环境法制教育的薄弱还导致公民对环保产生模糊的认识。相当多的公民认为，生产企业才是环境污染和生态破坏的制造者，遵守环境法的应当是企业，而不是个人，环境污染和生态破坏与普通民众无关。可见，公民环境法规知识的欠缺和环境法律意识的薄弱，影响到公民自觉遵守环境法律法规和维护环境法的尊严与权威。因此，公民的环境法制教育仍需要不断加强。

其次，公民缺乏运用环境法律武器保护自己合法环境权益的意识。公民享有合法的环境权益，即环境权，它是指公民对环境享有不受一定程度污染或破坏的权利。这里的环境不仅指个人居住的周围环境，而且还指大的生态环境。环境法律意识是实现公民环境权的思想前提，它为人们寻求法律保护提供必要的认识和知识。在社会生活中，每个人都有得到良好环境的权利，当这种权利受到侵犯时都应该维护自己的权益。要想实现这一法律保障，就有赖于人们对环境法律知识及法律条文的知晓和理解。这是运用法律手段保护自己及环境的一个重要环节。但在现实中，人们对自己的环境权行使不充分，没有自觉意识并且利用相关的法律法规来保障自己所享有的环境权益。许多人往往不知道自己是否受到环境侵害、在多大程度上受到侵害、如何依法申请保护以实现自身的权益。我国的环境法律还规定了环境索赔权，但从环境司法实践来看，环境诉讼案件仍很少，许多老百姓没有用环境法律武器维护自己的权益，要么默默忍受，要么是在交涉、抗争毫无结果后铤而走险，运用非法手段去报复，使矛盾激化并导致违法行为。这一切与对环境法律的宣传力度不够有直接关系。环境法制教育的薄弱，使公民不了解环境法律，进而不遵守环境法律，更谈不上懂得利用环境法律武器维护自己的合法环境权益。

再次，执法人员守法观念淡漠，难以确保正确运用环境法律。守法是每个公民的最基本义务，但执法人员的守法较一般公民的守法更具有迫切性和必要性。立法是国家对环境的宏观管理，是环境保护的强有力的行为保障。执法则是立法在环境保护过程中的具体实施。如果执法人员不守法，轻则造成法律的错误适用，重则可能将会从根本上摧毁公民对环境法律的信念，也就很难再用环境法律规范自己的行为。作为执法者，其知法程度和守法程度都直接影响到整个普法工作的开展和成效。所以，执法人员、环境保护和管理的各个部门，要参与或自主地开展各项环境保护和管理工作，要想把环境法律适用于具体情况，审理案件，不仅需要执法人员有良好的思想作风，而且需要执法人员具备很强的环境法律意识，掌握环境法规，知法、懂法并正确地执法。而环境法律意识是正确运用环境法律的先决思想条件，是真正实现环境法律公正的基础。

现实生活中，法盲犯法、知法犯法和执法犯法的现象屡见不鲜。这一切都表明了公民法律知识的缺乏和法制观念的淡薄。公民有依法治理、保护环境的心理愿望，但也只是停留在膜肪的感性层面，距离人人参与、理性守法的层面还有相当的距离。我国的环境法制教育和司法监督，依然任重而道远。

因此，要大力普及环境法律知识，对公民进行环境法制教育，提高法制观念和知法、守法的自觉性。环境法制教育对人们思想观念的改变、法律意识的增强和知识水平与能力的提高具有重要作用，也是我国依法治国这一大原则的具体体现。通过宣传和普及环境法规，使公民明白对环境的权利和义务，解决环境意识中"能做什么，不能做什么"。使公民树立环境法律意识，自觉遵守国家环境保护的各项方针政策，从而规范和产和生活活动，认识到什么样的行为是环境友好型的，行为是破坏环境型的，从而建立评判环境保护工作的标准，制止对自然环境的种种破坏行为。这也是每一个公民的责任和义务。

公民的环境法律意识是环境法律制度的根基，如果欠缺这一根基，环境法律制度不过是徒具法律形式的外壳，势必缺乏深厚的社会基础。因此，培植公民的环境法律意识对于有效实施环境法律制度也非常必要。

三、环境道德教育

（一）环境道德的定义

环境道德就是调节人与人、人与社会之间关于生态环境利益关系的规范。人类社会在发展过程中，不仅人与人之间要发生种种关系，需要一定的道德规范来调整人的行为，而且人与自然之间也存在种种联系，也包含着内在的矛盾。要解决这种矛盾，首先必须从调节人类的行为开始，这就需要建立新的环境伦理道德来约束、调节和引导人类的行为。环境道德主张，把道德行为的领域从人与人、人与社会扩展到人与自然之间，将善恶、良心、正义、义务等道德观念应用到处理人与自然的关系中去，从人类能动性的角度出发，倡导人们主动承担起对自然界的道德责任和义务。它是新形势下人类道德的进步和完善。环境道德提倡树立以保护环境为光荣、损害环境为耻辱的道德观念。

环境道德坚持两个基本要求。首先，所有的人享有生存环境不受污染和破坏，从而能够过健康和安全的生活的权利，并且承担有不损害子孙后代能满足其生存需要的责任。其次，自然界是有价值的，因而地球上的所有生物物种都有生存和发展的权利，人类承担有保护生态环境的责任。环境道德是环境意识的最高境界，它的核心是人类应学会与自然和谐相处，共同发展。而环境道德教育就是环境伦理的弘扬过程。

环境科学教育和环境法制教育是从知识的角度来阐明环境对人发展的重要性，倡导人与环境的和谐一致。环境道德教育则从道德的角度阐明人与自然关系的伦理所在。科学与技术对于解决具体的环境问题是一个直接的、生动的和有效的举措。用法律来调节人类与环境之间的关系，是保护环境与自然资源的必要手段，法律对于规范人们的环境行为也有着立竿见影的效果。但是，仅仅依靠法律是不够的，如果缺少新的价值观念的塑造，缺欠新的生存理念——环境道德的培植，生态问题也许能在一时一地解决，却不可能得到最终普遍根治。正如罗尔斯顿指出的那样，道德往往重于法律。原因在于法律是人们价值观念的反映和记录，人们的环境道德是环境法的伦理基础，影响着环境法实施的实际效果，此其一；其二，法律往往滞后于现实生活，而新的环境问题却层出不穷；其三，从制定法律到培养出人们的良知需要一个过程；其四，即使最健全的法律规范所包含的内容，也不会多于起码的公共伦理的内容；最后，法律能禁止那些最严重的违法行为，但却不能使公民主动行善。因此，公民能否自我约束，对能否产生一种恰当的环境伦理至关重要。这种伦理所规范的是一个社会对它的动植物、物种、生态系统及大地的态度问题。我们面临的全球性环境问题要求现在和未来在生活中有一个责任和信任的新伦理。道德、伦理是发自每个人内心的是非判断，对人的行为具有强大的约束力，可以提高公民环保行为的自觉性。因此，在环境教育的三个方面，环境道德教育是最根本的。这是人从人自身出发寻求解决环境问题的合理出路。

我国《宪法》虽然没有关于环境道德教育的直接规定，但《宪法》第二十四条指出："国家通过普及理想教育、道德教育、文化教育、纪律和法制教育，通过在城乡不同范围的群众中制定和执行各种守则、公约,加强社会主义精神文明的建设。"

道德教育中理应包含环境道德教育的内容。

1982 年 10 月联合国大会通过《世界自然宪章》，用以指导和判断人类一切影响自然的行为，它对环境道德原则进行了规定：第一，应尊重大自然，不得损害大自然的基本过程。第二，地球上的遗传活力不得加以损害；不论野生或家养，各种生命形式都必须至少维持其足以生存繁衍的数量，为此目的应该保障必要的生态环境。第三，各项养护原则适用于地球上一切地区，包括陆地和海洋；独特地区、所有各种类生态系统的典型地带、罕见或有灭绝危险物种的生存环境，应受特别保护。对人类所利用的生态系统和有机体以及陆地、海洋和大气资源，应设法使其达到并维持最适宜的持续生产率，但不得危及与其共存的其他生态系统或物种的完整性。第四，应保护大自然，使其免于因战争或其他敌对活动而退化。大会重申了联合国的基本宗旨，认识到人类是自然的一部分，生命有赖于自然系统的功能维持，以保证能源和养料的供应，文明起源于自然，自然塑造了人类的文化，一切艺术和科学成就都受到自然的影响，人类与大自然和谐相处，才有最好的机会发挥创造力和得到休息与娱乐。每种生命形式都是独特的，无论对人类的价值如何，都应得到尊重，为了给予其他有机体这样的承认，人类必须受行为道德准则的约束，人类的行为或行为的后果，能够改变自然，耗尽自然资源。因此，人类必须充分认识到迫切需要维持大自然的稳定，以及养护自然资源。

人类从大自然得到持久益处，有赖于维持基本的生态过程和生命维持系统，也有赖于生命形式的多种多样，而人类过度开发或破坏生态环境会危害上述现象，如果由于过度消耗和滥用自然资源以及各国和各国人民间未能建立起适当的经济秩序而使自然系统退化，文明的经济、社会、政治结构就会崩溃。争夺稀有的资源会造成冲突，而养护大自然和自然资源有助于伸张正义和维持和平，但只有在人类学会和平相处，放弃战争和军备以后才能实现。大会重申人类必须学会如何维持和增进他们利用自然资源的能力，同时保证能够保存各种物种和生态系统以造福今世和后代，坚信有必要在国家和国际、个人和集体、公共和私人各个层面上采取适当措施，以保护大自然和促进这个领域内的国际合作。

这一环境道德准则建立在一种新价值观的基础之上，倡导尊重各种生命形式的权利，也尊重人的价值和尊严，追求人与自然的和谐相处。环境道德原则的确立，体现了人类道德的进步。联合国的这一精神宗旨，为世界各国结合自己的国情建立环境道德原则确立了大方向。

（二）两难的环境道德选择

环境道德教育的核心是培养环境伦理价值观，树立生态意识，以促进自然和人类的和谐发展。因此，厘清环境伦理的基本理念是环境道德教育必须要做的。现代工业文明的成果是以极其高昂的代价换来的，这个代价就是：我们星球的生态状况恶化到了极其危险的程度。日益严重的环境灾难迫使人们重新检讨人与自然的关系，反思人类在环境以至整个宇宙中的地位和意义。这促成了环境哲学和环境伦理学的诞生。环境伦理学的立论点是抨击以往的"人类中心主义"的自然观。

人类中心主义是西方一种历史悠久的价值观，自工业革命开始，它一直是支撑人类实践活动的理论基石。公元前 5 世纪古希腊哲学家普罗泰格拉提出"人是万物的尺度，是存在者存在的尺度，是不存在者不存在的尺度"这一著名命题。它反映了一个根深蒂固的观念，人是以自己为尺度看待世界、评价世界和对待世界的。如果说，在古代，人是万物的尺度这个观念主要是人们看待世界的价值标准，它对人与宇宙的关系产生的影响还不大，那么，随着科学理性主义的兴起，这个观念成为改变世界的依据，它所带来的后果是惊人的。通过文艺复兴和启蒙运动呼唤与释放出来的人的理性力量，与工业、技术和科学一起，创造了前所未有的财富。近代法国哲学家笛卡儿提出："借助实践哲学使自己成为自然的主人和统治者"，他认为人类与其他动物截然不同，因为人类具有思考和语言等能力。一般动物缺乏心智和意识，可说是由零件组成的机器。人类对于这些动物和自然世界没有任何责任。德国哲学家康德提出"人是目的"，人的目的是绝对的价值，因而，"人是自然界的最高立法者"。康德认为，只有理性的生物才值得人类的道德关怀。就理性动物而言，理性是他们的内在价值，并且是他们自身追求的目的价值。所有理性生物均有同样的理性，并且为一个共同的目标努力，就是实现一个理性世界。康德确信，只有理性生物对理性世界的实现有直接贡献，而非理性生物则不然，它们只能作为实现理性世界的工具。

英国哲学家培根认为，人与自然的关系就是人要按照自然的规律去认识和改造自然，人只要掌握了规律，只要有了知识就有了一切。人只有不断地去认识客体，与其斗争，征服它、战胜它，才能获得更大的自由和解放。这种对理性主义的弘扬，对主体的赞美，成为盛极一时的观念，人似乎无所不能，上天入地、摘星揽月，在整个自然的空间，人类无所不在，成了唯一的主宰。这种价值观的形成，将人与自然的关系推向了对立的两极，形成了以人类为中心处理人与自然关系的模式，即人类中心主义。

它包括三层含义：第一，人类利益超自然化。人是大自然的杰作，是自然界进化的最高阶段，是一种特殊的最高级的存在，是宇宙之精华，万物之灵长。因此，人类是超越于自然之上的。第二，人类利益价值唯一化。自然资源只有对人类有益才有价值，离开了人类的需要，自然环境、物种、生物无所谓权利与价值。人成为万物的尺度。第三，自然存在对象化。人既然已经成为唯一的价值主体，那么与之相应，自然界的万物都是因为人而存在的对象，它们是一种资源，没有其独立的内在价值，只是作为满足人类利益的物质性存在，是人根据自己的需要而单向作用的对象，也就是说，自然物的存在是为了人的目的。如同亚里士多德所言，植物的存在是为了给动物提供食物，而动物的存在是为了给人提供食物，由于大自然不可能毫无目的、毫无用处地创造任何事物，因此，所有的动物肯定都是为了人而创造的。

人类中心主义以人的立场为出发点，以人的利益为目的，把人置于宇宙的中心，认为人可以按照自己的意志改变世界上的任何事物和状态，可以以任何方式在任何程度上改变这个世界的价值观。这种价值观，从主体角度说，使人类的主体意识得到了从未有过的张扬。然而与此同时，又导致了人与自然关系的日益恶化。由于它的核心理论观点是征服自然、主宰自然，从而直接导致了在认识上人对自然关系的片面性和在实践上的简单化。也由于人类中心主义的简单的主客二分的思维方式，对人的主体性片面张扬，客观上助长了人类对大自然不顾后果的掠夺和征服。既然人是宇宙万物的主宰，就使得人类只承认一个物种——人的价值，而否认人以外的任何存在物的价值。如果说自然有价值，也仅仅是作为工具的价值。人类只关心人类自身的利益，而仅把自然作为满足人类生存需求及欲望的占有物。能否有利于促进入类的利益，是否有利于实现人类的权利，也就成为衡量人之外存在物存在必要性的尺度。这种价值观必然导致人类实践行为的无度性和破坏性。人们对自然的态度和行为走向片面化，即认为自然资源是无限的，取之不尽，用之不竭。在这种观念下，人类对资源的利用是毁灭性的，人以一种统治的姿态进行掠夺式的开采，与此同时，又将生产中的废料和消费后的垃圾统统排放到自然中。人们认识到自然是广定的、是无限可以利用的，于是，就采取一种不加限制的方式进行资源的输入与废料的输出。高消费一高生产的生活方式走向了极致，成为一种难以控制的世界潮流，惯性地发展下去。其结果是造成全球性的环境问题，使整个生态系统濒于崩溃。它在使人类的生产呈加速度增长的同时，也令环境的破坏程度呈指数上升。人类满腔热情、一路高歌创造的文明又异化为自身的反对力量，从而使人类在享受物质成果的同时，又不得不付出沉重的环境代价。因此，征服的自然现或说人类中心主义犹如一把不折不扣的双刃剑，在高扬人类智慧的同时，又把人类推向了生死存亡的边缘。

面对现实，人们不得不检讨自己的所作所为，反思过去的思维和行为方式：人类应该以何种文化态度对待自然？人和自然之间是否存在着伦理关系？人类对自然是否负有伦理责任？人类有无权利去无限度地盘剥自然？人类的物质欲望的满足是否要以牺牲环境、破坏生态为代价？一些生态学家针对人类中心主义的后果提出了新的环境价值理念。作为对人类中心主义的否定，人们提出了各种形式的"非人类中心主义"。

非人类中心主义在价值论的意义上对人类中心主义发出了诘难。它认为：首先，一个存在物，只要有感觉或是一个"生活主体"，或是"生命的目的中心"，或是"大地联合体"的成员，或是"生态自我"的一部分，或具有内在价值，那么，他就有资格获得道德关怀。其次，自然存在物的价值不能完全还原人的兴趣或偏好，它们本身就是一种具有内在价值的存在物，它们的价值是客观的，不是人的主观赋予。再次，人类之外的其他存在物也具备获得道德关怀的资格，因而，人对这些存在也负有直接的道德义务；人保护自然，既是为了自身，也是为了自然存在物。

非人类中心主义反对把道德关怀的界限固定在人类的范围内，认为必须突破人类中心主义对人的至上的迷恋，把道德义务的范围扩展到人之外的其他存在物上。依据其所确定的道德义务的范围的宽广程度，非人类中心主义又可区分为三个主要流派，即动物解放／权利主义、生物中心主义和生态中心主义。

首先，动物解放／权利主义。近数十年来，西方社会掀起一股热烈的社会与政治运动，以维护动物的权利，就是动物解放运动。他们认为动物与人类一样具有道德地位，人类应该尊重及保障它们的天赋权利。以哲学家辛格为代表的动物解放论和以雷根为代表的动物权利论分别为20世纪的动物解放运动提供了两种不同的道德依据。这类观点致力于把自由、平等和博爱的伟大原则扩展应用到其他动物的生活中去，把动物奴隶和人的奴隶都埋葬在历史的坟墓中。

辛格于1973年发表《动物的解放》一文，认为动物能感受痛苦与愉快，它们应该获得人类的道德考虑，并给予生存权利。他认为将动物排除在道德考虑之外，正如同早期种族主义和性别主义将黑人与妇女排除在道德考虑之外一样，剥夺他们的权利是不道德的，因为违反了利益平等的原则。同样，物种主义也是不道德的。不能由于它们与我们不是同一物种而歧视它们，我们应该考虑其他物种的道德地位，并给予同样的权利。辛格建议任何有知觉的个体，应给予道德的考虑。他认为没有理由忽视动物遭受痛苦。当动物受苦时，外在的表情正似人类一样。动物也有中央神经系统作为情绪发展的中心，我们不应该因为动物无语言能力而不给予道德考虑。对无语言能力的婴儿，我们不能不给予道德考虑。动物权利论者雷根认为，动物也拥有和人类一样的天赋价值，动物身上的这种价值赋予了它们一种道德权利，即不遭受不应遭受的痛苦的权利。它们的这种权利决定了我们不能仅仅把它们当作一种促进我们的福利的方式来对待它们；相反，我们应以一种尊重它们身上的天赋价值的方式来对待它们。他认为多数哺乳类动物，都是生命主体。生命主体都具有传承的或天赋的价值，值得人类尊重，因此所有动物都应给予道德考虑。

其次，生物中心主义。一些环境伦理学家认为动物解放／权利论的道德视野还不够宽阔，对动物之外的生命还缺乏必要的关心，因而，应继续扩大道德关怀的范围，使之包括所有的生命。将伦理的范围逐渐自人类扩展至非人类，即所谓对自然界的生物体给予道德考虑，此类学说通称为生物中心主义。这类学说以史怀哲的尊重生命的伦理和泰勒的尊重自然的伦理最具影响力。在史怀哲的伦理原则之下，鼓励和维持生命是善良的事情，而毁坏和阻挠生命是丑恶的事情。他认为尊重生命的原理应该包含所有的生命，包括昆虫和植物。主张生命个体具有道德价值，倡导尊重生命个体。1952 年他接受诺贝尔和平奖时，发表《我的呼吁》的演说，呼吁全人类重视生命的伦理。这种伦理，反对将所有生物分为有价值的与没有价值的，高等的与低等的，认为把生物分出等级贵贱的观点，其判断标准是以人类对生物的亲疏远近为出发点的，这种区分的标准是纯主观的而且必然会导致一种见解，以为世界上真有无价值的生物存在，我们能随意破坏或伤害它们。

美国纽约大学的哲学教授泰勒，于 1986 年发表了《尊重自然》一书，并宣称尊重自然就是他的环境伦理学说。他认为所有生物具有自身的善即好处或福扯和天赋价值，值得具有道德能力的道德者的尊重，而且采取这种态度的人便倾向于增进和保护其他生物的善。泰勒的生命中心自然观具有若干基本信念，就是人类与其他生物都是地球生命社区的成员，人类并不超越其他生物，而且人类与其他生物构成互相依赖的系统。每个生物体内的功能与外表的活动都有目的导向，具有恒定的趋势来维持个体的生命与种族的生存。

泰勒的环境伦理学说的核心就是以行动正确、品行良好，尊重自然为终极的道德态度。持有这种态度的道德者具有一套品德标准和行为法则，作为他们自己的伦理原理。而其行为法则就是对生命个体不伤害、不干扰，城信和补偿性公正等法则。

总之，生物中心主义体现了四大主张：其一，人是地球生物共同体的成员。人的生命只是地球生物围自然秩序的一个有机部分；自然界是一个相互依赖的系统。人类和其他物种一样，都是一个相互依赖的系统的有机构成要素，在这个系统中，每一个系统的生存及生存质量，都不仅依赖于它所生存的环境的物理条件，还依赖于它与其他生命之间的关系。其二，有机个体是生命的目的中心。有机体是一个具有目标导向的、完整有序而又协调的活动系统，它的内部功能和外部行为都是有目标的，即维持有机体的长久生存，并成功地使它的生物学功能得到正常发挥，以利于它的种类得到繁殖并不断地适应正在变化着的环境。其三，人并非天生就比其他生物优越。一个生物，不管它属于哪个物种，它都应获得道德代理人的平等关心和关怀。其四，在这个意义上，每一个物种都拥有同等的天赋价值，没有谁比谁更优越。而一个有机体一旦被视为拥有天赋价值，那么，道德代理人对它所采取的唯一合适的态度就是尊重。

再次，生态中心主义。生态中心主义认为必须从道德上关心无生命的生态系统、自然过程以及其他存在物。应给予生态系统整体道德地位，给予它们伦理考虑。生态中心论是基于自然世界具有内在价值的哲学前提。通常包含大地伦理、深层生态学和自然价值论。

大地伦理学代表人物利奥波德于1949年发表其环境伦理学说——大地伦理。他认为人类应扩大社区的范围，涵盖土壤、水、植物和动物，概括说就是整个大地。人类只是这社区的成员之一，必须尊重与他一起生存的其他成员。自然万物皆有其生存的权利，而这个权利并非人类所赐给，自然本身具有内在价值，而不是由于它对人类的生存和福祉具有意义，而且人类对自然世界有伦理责任。利奥波德认为，凡是保存生命社区的完整、稳定和美丽的事都是对的，否则都是错的。大地伦理学的信念显示了必须要改变人类对自身的看法，人类应停止视自己为星球的征服者或优越物种的成员，应视自己只是生命社区的普通成员，人类的内心应当具有维护生物共同体的稳定、完整和美丽的信念。

深生态学代表人物奈斯于1974年创立深层生态学。深生态学的第一个基本规范就是，每一种生命形式都拥有生存和发展的权利。若无充足的理由，我们没有任何权利毁灭其他生命。他认为，我们要保护所有物种，必须承认动物、植物和生态系均具有内在价值，并非它们仅有工具性价值，例如，热带雨林中的昆虫与植物的多样性应受到保护，但这并非是因为这些生物可能产生抗癌物质，而是这种多样性具有自身的价值和存在的权利。深层生态学者认为在自然界中，人类与其他生物具有同等的价值，而物种间的竞争是正常的、自然的和不可避免的。人类使用药物消灭蚊蝇和细菌就是一种自然的竞争，并不是人类超越自然及统治万物。但是人类进步的技术，常导致生态系统的破坏，侵害其他生物存在的权利。由于人类的生存赖于自然界众多生物间的互依关系，消灭了其他物种或摧毁了生态系统，人类本身的生存亦失去保障。因此我们人类必须学习谦逊，尊重自然。人类并非超越自然，而是自然的一分子。深层生态学的第二个基本规范是，随着人们的成熟，将能够与其他生命同甘共苦。当我们的兄弟、一条狗、一只猫感到难过时，我们也会感到难过；不仅如此，当有生命的存在物（包括大地）被毁灭时，我们也将感到悲哀。

自然价值论的代表人物罗尔斯顿认为，自然物凭借主动适应来求得自己的生存和发展，而且，它们彼此之间相互依赖、相互竞争的协同进化也使得大自然本身的复杂性和创造性得到增强，使得生命朝着多样化和精致化的方向进化。价值是进化的生态系统内在地具有的属性；大自然不仅创造出了各种各样的价值，而且创造出了具有评价能力的人。并不是我们赋予自然以价值，而是自然把价值馈赠给我们。正由于自然本身就存在着价值，所以，人不仅对动物的个体和植物的个体负有义务，而且也对生物共同体中的所有成员负有义务。人应当是完美的道德的监督者，而展现其完美的途径就是看护好地球。人不应当只把道德用作维护人这种生命形式的生存工具，而应当把它用来维护所有完美的生命形式。人的价值和优越性并不仅仅表现为人拥有表达自己、发挥自己潜能的能力，还包括观察其他存在物、理解世界的能力和自我超越的能力。人与非人类存在物的一个真正具有意义的区别是，动物和植物只关心和维护自己的生命、后代及其同类，而人却能以更为宽广的胸怀关注、维护所有的生命和非人类的存在物。

综上所述，各种非人类中心主义环境伦理思想有两个共同点：一方面，都不同程度地反对人类中心主义，即不再认为人是更高贵的物种，不再从人出发思考生态环境的问题，而是都力图从公允的、没有物种偏好的立场来建构自己的环境伦理理论。另一方面，都将伦理关怀的范围由人向外扩张，认为人不仅对人负有直接的道德义务，对自然物也负有直接的道德义务。可见，人类的伦理信念已自人类中心扩展至以整个生命及生态为中心。人类的伦理关系已突破人际关系，而把动物、植物及自然环境列入伦理范围。数千年来形成的人类与自然间无伦理关系的信念已经开始瓦解。基于人类自身福祉及自然的内在价值，自然界的动植物及生态系统已渐为人类关切。

动物解放 / 权利论突破了人类中心论的局限，把人们的道德关怀的视野从人类扩展到了人类之外的其他存在物——动物身上。扩展了处理人与环境关系的视野，有助于改变人类对动物生存状况的麻木感。生物中心主义通过把生命本身当作道德关怀的对象，避免了以往道德理论中的伦理等级观念，为所有生命的平等道德地位提供了一种证明。它也对人们的道德水平提出了更高要求，作为扩展人们道德关怀范围的一种理论，它要求人们改变固有的道德信念和责任意识，用对生命的敬畏和爱护展现对大自然的尊重态度。这一点，对作为道德代理者的人来说，不能说是可有可无的。生态中心论从生态整体的角度认为，人与世界万物是同体的，它们的差异不是质的不同，而是构成上的多样性。人应当维护自然的美丽与和谐，成为地球的守护人，而不是占有者。

这三种理论都把人的道德义务扩展到了非人类存在物的身上，无疑都具有一定的合理性，为重建人与自然的和谐关系提供了许多有益的思索。从人类中心主义到非人类中心主义，道德共同体的范围不断扩大。非人类中心主义所主张的"道德应包括任何人与自然的关系"，从思想史的角度看，是从人际伦理学到环境伦理学的革命，伴随着这场变革，人们经历了一个逐渐摆脱种族主义、性别歧视主义、物种歧视主义枷锁的过程。今天的非人类中心论所倡导的解放大自然，废除对地球的奴役的呼号，与以前人们为解放黑奴，呼唤女权有异曲同工之妙。

人类伦理所调整的范围呈一种不断扩大的趋势，从最早关注少数人，继而延伸到妇女、黑人和少数民族，最终扩展为整个人类。非人类中心论者将伦理规范进一步扩大到整个生物界，据弃了人类中心论，确立了一种新的文化价值理念，表达了重建人与自然关系的强烈愿望。这种文化价值理念要求人类必须树立一种自然共同体的意识，要把人类在共同体中的征服者的角色，变成这个共同体中的一员和公民。它暗含着对每个成员的尊敬，也包括对这个共同体本身的尊敬。只有树立了这样的一种道德意识，人们才可能在运用其在这个共同体中的权利时，感到他所负有的对这个共同体的义务。非人类中心主义的这一价值理念为重新认识人与自然的关系提供了新的思维方式，对人类中心主义运用人的智慧和力量去征服自然的妄自尊大的思想提出了挑战。

但是，非人类中心主义只看到了人与其他生命之间的同一性以及这种同一性的伦理意义，而没有看到这二者之间的差异性以及这种差异性的实践意义。一旦人的利益与其他生命的利益发生冲突，就成为具有不可操作性的空想、一种天真的幻想、一种很难转化为现实的理想，或只能是一种善良的愿望。问题的关键在于它从纯自然主义的观点来考察人与自然的关系，忽视了人与自然的关系也必须受制于人与社会的关系这一关节点。自然的权利固然重要，人类不能为了自身的利益而忽视它、取消它，但是在社会中，正如同人的权利具有时间和空间上的相对性一样，自然权利也必定要界定其范围，并根据具体情况有所变化。

马克思指出："权利决不能超出社会的经济结构以及经济结构所制约的社会的文化发展。"完全否认人的主体性，将自然权利看得等同于或高出于人，甚至如西方激进的环境伦理学者所说：我宁愿杀死一个人而不愿杀死一条蛇，这就将自然权利绝对化了。试想，如果人们连打死一只苍蝇、消灭生物病毒也怕侵犯了自然的权利，那么这样的自然权利论在现实中有何意义可言呢？自然权利的取得难道要以消灭人类的利益为代价吗？使树木受到膜拜，而人却成了祭坛上的牺牲品，这同样是不道德的。实质上，这仍然是把自然与人类的关系对立起来的一种思维方式。

虽然我们说要走出人类中心主义的误区，但行为本身仍然是要以人为中心的。人只能说人话而不是说神话，人类不可能不顾及自己的利益而一味地以自然为中心，这在实践中是不可操作的。当我们探讨人与自然的关系时，就已是以人的身份从人的立场出发了。人和其他生物一样，也有生存的权利，如果人不存在了，一切环保问题就变得毫无意义了。保护生态环境，理应包含保护人的生存的内涵。所谓的关心自然，其实质就是关心人类自身，关心的方式和程度也是按照人的需要和能力来进行的。问题的关键是如何在人与自然的关系之间建立一种相对平衡的机制，使人类既不会为了自身的利益而毁坏共同体的其他成员，也不会不惜一切代价地保护自然，而不顾及人自身的利益；既弘扬人的主体性又兼顾自然的优化，达到合规律性与合目的性的统一。

非人类中心主义在遏制那些肆意破坏环境的行为及检讨我们的自然观和生存方式方面，功不可没；但它暗含着一个值得商榷的前提或潜台词：人与环境的关系只能是互斥的、此消彼长的，人类的生存和发展必然要破坏环境；而要保护环境，就得完全限制人类自身的生存和发展。在非人类中心主义看来，"生态平衡"和"可持续发展"之类的思想也应该反对，因为前者仅仅看到物种量的平衡而无视每一生命个体的价值，后者仍然把人类自身的发展置于中心，它仍然没有摆脱人类中心主义。非人类中心主义自朔彻底摆脱了人自身的立场，完全代表宇宙生命说话，呼吁尊重动植物乃至整个环境独立的价值和尊严。

迄今为止，人类主流的生存方式，特别是近代工业文明创造的生存方式，的确是以破坏环境为前提的，它确实使环境和人类的生存处在尖锐的对立状态。这方面的批评和讨论很多，不必赘述。但是，能否因此就认定，发展与环境保护的关系只能是互斥的？人与自然非处于"不共戴天"的对立状态吗？保护环境、尊重动植物以至整个环境"独立的价值和尊严"，非得以牺牲人类生存和发展权利为代价吗？存在不存在两全其美的"第三条道路"，以实现人与自然的交融无间、和谐相处？如果有，那如何成为现实？

（三）环境道德的基本原则

环境道德的基本原则是共生共荣。作为一个动态的整体看，共生共荣就是人与自然的和谐发展。

首先，共生共荣机制的含义。

共生共荣关系是指人与自然之间互利共生，协同进化和发展。通过提高人的生活质量来保护环境，也通过保护环境来提高人的生活质量，从而使环境的优化与人类生活质量的提高相得益彰，形成正反馈的关系。"共生"本是一个生物学概念，是指两个或两个以上的有机体和谐地生活在一起的情形。它有两个条件：其一是共生的每一方都是独立完整的生命存在；其二是共生各方相互依存，相互作用。我们在人与自然的关系上使用"共生"这个概念，主要包含下列几层含义：

第一，人与环境各方都得到生存和发展。就是说，人与环境是一个有机整体，在这个整体中，无论是人还是自然生命，都需要生存和发展，不可偏废某一方面。进一步说，它又包括两个方面的内容：一方面，就人与人关系说，"共生"主张每个群体、每个人都应该享有平等的生存和发展权，而不是如现代工业文明以来的那种模式——以损害人类整体生存和发展权换得部分人的生存和发展权；另一方面，就人与自然关系说，无论是人还是自然生命，都应该生存和发展。人类虽然不能保障地球上的每一物种都能享有平等的生存和发展权，每一生命体都能健康地繁衍生息，但至少要保障地球上绝大部分物种和生命体的繁衍、繁荣。

第二，人与环境的各种因素相互作用，形成动态统一关系。我们的"共生"观认为，人与环境并不是单一地以某一方（无论是人还是自然）为中心，不是单向的运动，而是二者的双向互动，是人与自然相互影响和相互作用。无论是单纯的"人类中心主义''还是单纯的"非人类中心主义"观点，都是片面的。

第三，人与环境的各种因素通过精合、协调、依存，形成和平相处甚至"互惠互利"的关系。人与环境不但相互作用，还通过这种作用形成双方的协调、和谐与和平共处，形成二者相对稳定的动态统一关系。

"共荣"是"共生"的进一步延伸，它的意思是说，人与环境的各种因素都得到发展、繁荣，它包括人与自然双方的改善与提高——环境的生态状况的改善，生态机能的提高与人们生活质量的改善和生活水平的提高。具体说：一方面，每个人、每个群体生活状况都得到改善；与此同时，环境也得以优化、美化，生态质量得到提高。另一方面，这两个"改善"与"提高"之间有某种相互制约的关系。通过人与环境精合形成的"互利""双赢"机制，使得环境的优化有益于人们生活质量的提高；反过来，人们生活质量的提高又有利于环境状况的改善，一方成为另一方面的原因。

综观人类文化史，人与自然和谐统一的观念相当普遍。以中国古代自然观为例，中国儒家的"天人合一"、道家的"道法自然"、佛教的"众生平等"诸观念，都不把人与自然置于对立的地位，而是视为和谐统一，都体现了以顺应自然来获得良好生存状态的生存智慧。

中国儒家强调顺应阴阳造化本性，突出宇宙"生"的品德。按照《周易》的思想，"天地之大德曰生"，厚德载物，繁衍生息，是宇宙的本性；在这个生生不息的宇宙里，万物各安其道，各正性命。人为天地阴阳绍组和合而生，因此人应该领悟这种化育万物的阴阳之道，顺应物性，与天地合德。所以，孟子要求"尽心""知性""知天"，以达到"上下与天地同流"的境界。《孟子·尽心上》说："知其心，知其性，则知天矣。"孟子强调"人"与"天"是相通而整合为一体的，人性与天道是相通的，是统一的，故天人合一。《礼记·中庸》也表达了同样的意思：
"惟天地至诚，故能尽其性；能尽其性，则能尽人之性；能尽人之性，则能尽物之
性；能尽物之性，则可以赞天地之化育；能赞天地之化育，则可以与天地参。"概
括而论，儒家是从天人关系即人与自然的关系出发阐释人对于宇宙的一种态度和人
的一种精神境界。"天人合一"要说明的是"人"和"自然"之间存在着一种内在
关系，人们应当把二者的关系统一起来考虑，不能只考虑一个方面，而忽视另外一
个方面。儒家的"天人合一"，追求的是人与自然和谐的观念，它不把人和自然看
成是对立的，而是把人看成是自然和谐整体的一部分。

中国道家在强调顺应阴阳造化本性这点上与儒家有异曲同工之妙。道家的最高
信仰是道，它是无可名状，但又无时不有、无处不在的元气。它永恒地内在于万事
万物的变易中，是化育万物的本源。被道教奉为开山鼻祖的老子主张"人法地，地
法天，天法道，道法自然"。"人法地"是指人类要以地为法则，重视人类赖以安
身立命的地球；"地法天"意为地要以天为法则，尊重宇宙的变易；"天法道"就
是说天以道为法则，遵循客观规律；"道法自然"即说道以自然为法则，要维护宇
宙生长变化过程的自然本性，而不要用人为的强制手段去干预破坏这个过程的本来
面貌。这就是道的自然无为原则。人如果效仿和顺应自然造化之道，清静无为，万
物就会自发地达到生存和发展的最佳状态。在庄子看来，人和万物同为元气所化：
"盈天下一气尔"；"天地与我并生，而万物与我同一。咽既然如此，人就应该听
命于自然、顺应自然，而不应该有悖于万物之天性、造化之神妙。道家"重生""贵
德"，主张清静无为、简约素朴、崇尚自然、慈俭不争、利命保生。要人按照道的
性质对待自然、社会和人生：任万物自然生长，完全按照事物本性去成就它。这些
思想强调人类应与自然界保持和谐"共在"，老子和庄子的这些思想，奠定了中国
道家两千多年生存智慧的基础。

佛家主张众生平等，它怜惜生命，禁止杀生，反对过度的贪欲和享受，认为"天
地同根，万物一体，法界同融"。花草树木、飞禽走兽，皆有佛性。用我们现在的
眼光看，这也是尊重生命的价值。它的伦理意义就是不仅承认人与人之间是平等的，
而且人与其他存在也是平等的，我们要平等地对待和我们共存于这个宇宙的其他一

切生命和存在，并且与它们和谐相处。

由此可见，在"征服自然，改造自然"的自然观之外，在人与自然对立的观念之外，人类还有很多精深的合理的自然观和生存智慧。因此，我们无须把人与自然的关系、把保护环境与人的生存发展视为互斥的、对立的；我们也无须因为反"人类中心主义"，就从根本上取消人类的生存和发展权，无须因为"尊重生态本身独立的价值和尊严"就不能对任何生命和环境施加影响。合理的态度应该是聆听古人的自然观和生存智慧：自然之"道"远远高于人类的支配和开发能力；人仅仅是自然的一部分，人的生存方式必须顺应自然本性。

理论和事实两方面都表明，人与环境并不必然是互斥关系：人类的生存和发展并不必然以破坏环境为前提，尊重环境价值也并不必然以牺牲人的生存发展权利为条件。人与环境协调统一、共生共荣的机制完全是可能的。环境道德的任务之一应该探讨人与自然的这种新的互动模式之必要性和可行性。彻底检讨由现代工业文明确立的自然观，吸收西方合理的环境理念及中国古人的环境生存智慧，以马克思主义的环境思想为指导，建构和宣讲人与环境共生共荣的自然观已是时日。

其次，共生共荣的自然观。这种自然观应包括以下基本思想：

第一，人永远是自然的一部分。人对自然、环境、资源的依赖性并不因为技术进步和生产发展而改变——技术和文明进步只是改变了人类对自然的依赖方式。从一定意义上可以说，人类利用和改变自然的能力越大，人类对自然、环境的依赖性就越强。因此，人与自然、与环境的关系不能仅仅化约为主体和客体的外在关系，更应理解为人就是自然机体的一个环节。

人是自然界的产物。人类的生存和发展，需要以自然生态环境、资源为其绝对永恒的自然基础。人是生物，是活的有机体，它同其他生物一样需要不断从生态环境中摄取能量和养分，即与环境进行物质、能量、信息的交换，以保证自己的生物学存在，在此基础上才谈得上从事社会活动，作为社会存在物而生存。马克思早就指出了这样一个简单事实："人们首先必须吃、喝、住、穿，然后才能从事政治、科学、艺术、宗教等等；所以，直接的物质的生活资料的生产，从而一个民族或一个时代的一定的经济发展阶段，便构成为基础，人们的国家设施、法的观点、艺术以至宗教观念，就是从这个基础上发展起来的。"

水、空气、温度、食物是维持生命的最起码的条件，它们是由自然提供的。当然，由于自然界不能自动地满足人与社会的诸多需求，所以人必须通过实践活动影响环境来达到其目的，这样，人就在一定的意义上获得了对自然的独立性。然而，无论这种独立性如何强大，人化的自然如何日益拓展，人并没有也不可能完全挣脱自然的怀抱。事实上，技术和文明进步所造成的人对自然的独立只是现象的，从本质上看，人对自然界的独立只是改变了人对自然界的依赖方式，从过去直接的索取、依赖变为今天间接的索取、依赖。如一些人工合成的食物替代了原始形式的自然食物。但是，从根本上讲，这种新型食物的原材料仍然来自于自然界。技术与文明的进步使人与社会对自然生态的依赖方式发生了改变，同时也表明了人类利用自然的规模和程度越发强劲。在这个意义上，人与自然的关系不是减弱了，而是更强了；社会对自然的依赖不是消失了，而是更明显了。不难设想，如果没有丰富的自然资源供人类使用，哪里谈得上工业文明的骄傲，而资源短缺造成的危机不又从反面印证了人与社会对自然、生态的依赖吗。

人是自然的一部分，作为生命体，作为一种独特的物质形态，我们不可能超出自然之外。马克思指出："在实践上，人的普遍性正表现在把整个自然界——首先作为人的直接的生活资料，其次作为人的生命的材料、对象和工具——变成人的无机的身体。自然界，就它本身不是人的身体而言，是人的无机的身体。人靠自然界生活。这就是说，自然界是人为了不致死亡而必须与之不断交往的、人的身体。所谓人的肉体生活和精神生活同自然界相联系，也就等于说自然界同自身相联系，因为人是自然界的一部分。"科技的进步虽使人不断突破自然界的限制，但也只是在某一具体层面上，而不是说彻底摆脱自然的限制与束缚。人在一个层次上克服了自然的束缚，这并不排除在其他方面、其他层次上受到自然的束缚。在具体历史条件下，在原有的实践领域，人打破了自然界对人类活动的某些限制，但在新的实践领域，人类又会受到自然界另一些限制。人类改变自然界，又依赖自然界；人类既能打破自然界对人的限制，又无时无刻不受制于自然。在这种改变与依赖、反限制与限制的对立中，存在着绝对的不对等，即人对自然的依赖、人受自然的制约比另一方面更为根本。这是因为，一方面，人对自然的改造是以人对自然的依赖为前提的。无论何时何地，人类改造和利用自然界的活动永远离不开自然界所提供的客观的物质条件。人类作用于自然界的活动方式、活动内容和程度，不是不需考虑自然条件而任意进行的；相反，它总是以这种或那种形式受到自然界的制约。另一方面，人对自然的改造，是以自然对这种改造的承受能力为前提的。人可以改造自然，但改造的方式和程度是有限度的。在自然允许、能承受的范围内，人类可以有所作为，但超出这一范围，改造的行为就会带来人类生存基础的破坏，人类最基本的生存条件就会消失。玛雅文明和楼兰文明就是最好的佐证。

自然界是人类的源头和摇篮，是人类的生命之母，它赐给人类社会持续生存与发展的基础，因为我们来自于自然；自然界是我们生存的基础，因为人类生存和发展的一切物质前提都来自于自然；自然界是我们的本体，是我们的"根"，因为我们的生命来自于自然，死后又复归于自然，我们的血肉之躯本是自然的一部分，是自然物的一种存在形式。人类应当把自然作为"人的无机身体"，看作是与人一体的存在。人类不可能凌驾于自然生态系统之上，成为生态系统的主宰。自然对于人，就如同恩格斯所说，人是自然界发展到一定阶段的产物，人本身是自然存在物，是自然界的一部分，人要靠自然界而生活，人与自然界是不可分割的。

第二，顺应自然的生存智慧。与自然的神奇深邃相比，人是渺小的；与宇宙的奇妙造化相比，人是笨拙的。自然是人类的老师，在它面前，人永远是个小学生。人类不可能也不应该与自然力量抗衡，到目前为止的许多"抗衡"已使人类受到了惩罚。早在一百多年前，恩格斯用了许多实例说明了人类盲目改造自然界所造成的危害。例如：美索不达米亚、希腊、小亚细亚以及其他各地的居民，为了得到耕地而砍光了森林，使这些地方成为荒芜不毛之地，阿尔卑斯山的意大利人，也因为砍光了被十分细心地保护的松林，而摧毁了他们区域里的高山牧畜业的基础，竟使山泉在一年中的大部分时间内枯竭，但在雨季又使更加凶猛的洪水倾泻到平原上。恩格斯寻找自然界报复的原因，他说："每一次胜利，起初确实取得了我们预期的结果，但是往后和再往后却发生完全不同的、出乎预料的影响，常常把最初的结果又消除了。"那么，怎样才能避免这种后果呢？那就是正确认识和运用自然规律，实现由必然王国向自由王国的飞跃。人不可能撇开、背离自然之"道"来改造自然。人对自然的利用与改造，是以尊重自然规律、把握客观世界的尺度为前提的。如果违背自然之"道"，不顺应自然之"道"，就会受到自然的惩罚。鉴于此，环境道德应该重新体认那种自然而然的生存方式，倡导先进的顺应自然的生存智慧。

第三，着眼于人与环境整体和长远的协调统一。首先，用系统、整体和关系的思维方式把握自然本身。自然、生命、环境是整体，其中任何一种生命，任何一个自然要素，都是整体中的一环，它的消失或改变会对整个生态产生严重的影响。其次，用系统、整体和关系的思维方式把握人与自然的互动关系。人不是作为个体与自然发生关系，而是作为整体、作为类与自然发生关系，对环境的个别、局部行为产生的是整体性后果。因此，任何个人的生存发展不能以损害他人生存和发展的权利为代价，任何地区的生存发展不能以损害别的地区生存和发展的权利为代价，任何国家的生存发展不能以损害别的国家生存和发展的权利为代价。人既有从环境中获取资源的权利，也应该对环境尽义务。尤其是，发达国家抢先消耗了地球上大量的资源和能源，也是造成环境污染和生态失衡的主要原因，因此他们理应对全球环境问题承担主要责任。

第四，把人与环境的统一理解为长期的动态过程。由于人的行为对环境的影响往往在相当长的时期后才充分显露出来，由于人的生存和发展是千秋万代的事，所以我们理解人与自然协调关系时应有宏大的历史感，人与环境的协调应体现为代际平等，即代与代之间发展机会的均等。当代人的环境活动必须惠及后代人，至少不应损害后代人的利益。当代人享有的正当环境权利，后代人也同样享有。因此当代人在利用资源时，也应该为后人尽保护和维持地球生态系统的义务。

（四）环境道德的主要规范

环境道德教育，旨在培养人们遵守共生共荣的环境道德原则。但环境道德教育除了环境道德观念上的培植之外，还需要行为规范上的指导。环境道德的确立其最终目的是通过调节人的行为，达到协调人与自然的关系的目的。因此，有了道德原则还不够，还应当根据这些原则进一步建立广泛的、具有一定约束力的、人人应遵守的环境道德规范，它适用于人类环境生活的每一领域。这些规范包括：尊重自然，爱护生命，保护环境，适度消费。

首先，尊重自然。尊重自然即维护自然的完整与稳定。所谓自然的完整，是指生态系统多样性的统一；所谓自然的稳定，即生态系统各部分的动态平衡。这是人类对自然应持的基本态度。因为自然的完整与稳定是人类生存与发展的前提。人类应与自然保持和谐相处、协调进化的关系。自然的价值是多重的。自然作为一个创生万物的系统，在其价值属性中，首先有其内在的价值，这是自然不以人的评价而独立存在的固有属性，是由其内在结构所决定的。它自身就是一个呈现着美丽、完整与稳定的生命共同体，人只是它的众多创造物之一，自然所承载的不止是个体的生命，更广阔的是整个的生命系统，它不为人类的利益而生，也不依人类的评价而在。同时，自然还有它的工具价值。在这种工具价值中，自然不仅仅对人类具有经济价值，而且具有多重价值，如生命支撑价值，它是所有生命赖以存在的家园；消遣价值，自然对人的精神娱乐有着吸引力和感召力，是人心理放松、身心愉悦的场所，满足人类的一种精神需要；科学价值，自然科学的研究对象就是原始的自然及其规律性；审美价值，神奇、优美的自然激起人的美感，是人类审美的重要对象。此外，自然还有历史价值、文化象征价值等。自然作为人类的母体所具有的品质，要求人类必须回到尊重自然的道德坐标上来。它的实践态度是：保护自然，拯救自然，对大自然充满尊重、敬畏与关爱。

其次，爱护生命。爱护生命即树立新的环境伦理道德观念，将道德观念和道德关系扩展至整个生态，将人类作为地球生态的组成而非主宰。不仅要对人类讲道德，而且要对生命和自然界讲道德；把善恶、正义、平等等传统的用于人与人关系的道德观念扩大到其他生命的关系上，强调人对其他生命的责任、义务和良心，明确人类对它们所负有的道德责任。人类应该尊重所有生命活动，善待动物，不虐待动物，不遗弃家养动物等。关爱万物、关爱生命，是一种伟大的道德情感，也是一个人的道德境界的新的试金石。人的真正的完美不应只把道德用作维护人这种生命形式的生存的工具，而应把它用来维护所有的生命形式。饱含仁爱、毫无傲慢之气地对待生命，这是赞天地之化育，超越一己之得失的大境界，是一种殊荣，更是一种责任。人应该建立这种伟大的情怀：对他人的关心，对动物的怜悯，对生命的爱护，对大自然的感激之情。把个人生活的意义与更宏大的生命的生生不息、绵延不绝联系起来。因此，爱护生命的实践要求是，保护地球上的生命和自然界，保护地球上的基本生态过程和生命维持系统，保护生物物种、生物遗传物质和生态系统的多样性。危害物种和损害生命维持系统的行为是不道德的。

当然，目前来看，这还是一种具有终极关怀色彩的道德理想。在现实的人与其他生命的关系中，人类的利益还是出发点和最终的归宿。但这并不意味着人类可以置其他生命的利益于不顾而一味地追求自己的利益。环境伦理所弘扬的精神是人类精神文明的进化，作为一种理想，人们应积极地加以追求。罗马俱乐部的报告提出了相同的理念，认为对生态的保护和对其他生命形式的尊重，是人类生命的素质和保护人类两者所不可缺少的重要条件。它正处在逐渐实现的过程中。

再次，保护环境。保护环境是我国的一项基本国策，保护环境，人人有责。作为现实生活中的每一个普通公民，要从身边小事做起，遵守环境保护法律法规，树立破坏环境的行为是不道德行为、保护自然环境是高尚行为的道德情操。养成良好的环境行为，不做污染环境、破坏环境的事；支持和维护有利于环境的行为，并养成自觉保护环境的行为习惯，积极参加保护环境的公益活动，同时劝阻别人不要污染环境，抵制破坏环境的言论和行为。

最后，适度消费。适度消费是与环境的承载能力相匹配的消费，具有合理性和科学性。它是一种质量型的消费，强调增减结合，质量兼顾。它既不是禁欲主义地反对消费，也不是享乐主义地张扬消费，而是倡导健康理性、有节制的消费。主张基本的生存型需求应予以满足和发展，对享受型、时尚型的需求予以限制，对奢侈、浪费型的需求予以制止。适度消费提倡节俭消费，节俭是种美德，节俭地使用资源和能源，不仅对他人是道德的，而且对环境也是友好的，对保持生态系统平衡也是有益的。适度消费适合我国人口多，资源少的国情，应大力倡导和鼓励。与之相反的是过度消费，即毫无顾忌和节制地消耗财富和自然资源，随意抛弃那些仍具有实用价值的物品，对物质产品毫无必要地更新换代，大量占有和消耗各种宝贵的资源和能源。过度消费的结果，不仅污染环境，而且加重自然生态系统的负担，甚至最终使人类失去生存的家园。过度消费，是一种使自然环境不堪重负的生活方式，必须遏制。因此，适度消费的实践要求是：倡导合理消费，反对过度消费；力行文明消费，反对奢靡消费；施行绿色消费，反对对环境有害的消费，即在消费中考虑对资源环境的影响，购买那些对环境和人体健康无害、符合环保要求的绿色产品，培育绿色消费的情感和市场。特别是要从根本上杜绝一次性消费，这种消费强化了对环境的索取，增加了环境对废物净化的负荷，不利于生态环境。因此，对更多的消费品，应当采取循环使用的方式，做到物尽其用，减小对环境资源的压力。同时，倡导精神消费，增长科学、艺术、教育、文化体育活动上的消费，提升人的精神追求，反对沉迷于对物质的占有，摆脱物质主义，过一种文明、健康、有尊严的生活。

第二节 公民环境教育的原则

环境教育原则，就是在环境教育活动中所必须遵循的最基本的要求和方法指导，它是根据人与环境关系的发展规律、环境科学的本质特征，以及教育的普遍规律和环境教育的特殊性质而制定的准则；是把环境教育的基本原理运用到教学中的必要环节；它既是环境教育的指导思想，又是教学基本特点的反映。环境教育原则是主观见之于客观、理论见之于实践的中介，其宗旨是为了使环境教育有的放矢，更好地实现提升公民环境意识的目的。

国际上对环境教育的原则有一般的要求。1975 年贝尔格莱德国际环境教育会议对环境教育的指导原则作了如下规定：环境教育必须考虑环境的整体性，即自然的和人造的、生态的、政治的、经济的、技术的、社会的、法律的、文化的和美学的；环境教育是终生的过程，从学校到校外；环境教育应采取科际整合方式；环境教育应强调主动参与解决环境问题；环境教育应从世界范围检查主要环境问题，并关切地区的差异性；环境教育应重视现在及将来的环境情况；环境教育应从环境观点检视所有的发展与成长；环境教育应促进地方的、国内的和国际的合作解决环境问题的价值和需要。

1977 年联合国在芬兰首都赫尔辛基召开的区域环境教育会议，进一步拟定了环境教育之目标与实施方针。认为环境教育应贡献于人类的共同福祉及关切人类的生存，应为多学科共同参与，要与所有与环境有关的职业、学科及问题相联系。1977 年的第比利斯会议认为环境教育的原则应是：环境教育应面向各个层次的所有年龄的人，并应包括正规教育和非正规教育；环境教育应是一种全面的终身教育，能够对瞬息万变的世界中出现的各种变化作出反应；环境教育应在广泛的跨学科的基础上，采取一种整体性的观念和全面性的观点，认识到自然环境和人工环境是深深地相互依赖的；环境教育必须面向社会。

会议提出的原则对我国的环境教育具有指导意义。但环境教育原则应根据各国国情的差异和教育目标来确定。针对我国环境教育事业的发展状况和公民环境意识的水平特点，在遵从国际总的原则的基础上，我国环境教育的原则应体现在以下五个方面：内容综合性——知识性和思想性相统一的原则；形式多样性——一般与个别相结合的原则；实践参与性——理论联系实际的原则；对象全程性——阶段性与全程性相结合的原则；区域重点性——整体与部分相结合的原则。

一、内容综合性原则

（一）内容综合性原则的含义

这一原则是指在环境教育中，环境教育的内容要涵盖自然科学知识和社会科学知识两大方面。环境教育要体现内容的综合和学科的交叉。环境教育要追寻人与自然、科学精神与人文素养的和谐。

（二）内容综合性原则的必要性

环境教育不仅从自然的角度探讨、传授环境知识，而且要从社会的高度认识、涵盖社会科学。环境教育要将对自然本身的认识、对人与自然关系的整体规律性的把握与树立正确的环境价值观与态度相结合，融知识性和思想性于一体。不仅培养公民的知识水平和解决环境问题的技能，而且也要使思想和灵魂得到陶冶，深化理解人在自然和社会系统中的地位，实现人与自然、社会的协调发展。北京动物国 5 只黑熊惨遭化学药品伤害及虐猫等事件的发生，显示出一些人环境道德感的缺失与麻木。因此，呼唤环境道德教育，把道德规范延伸到处理人与自然环境的关系中，养成尊重自然、关心自然、保护和改善环境的道德责任感，已不应仅仅是几声呐喊。

如何判断人与自然关系中的是非与善恶，怎样正确选择自己的环境行为，何以清楚环境破坏的后果，怎样变单纯追求一己之私利为整体综合之公利，协调局部与整体、眼前与长远的利益关系。这些涉及价值层面的观念不可能在公民头脑中自生。因此，环境道德教育的伦理播撒、环境审美教育的情感陶养等对加强公民环境责任具有重要作用。

环境的广泛性决定了环境问题的复杂性，从而也决定了环境教育的跨学科性。因此，环境教育是多学科整合的综合教育，涉及历史与社会、文化与经济、技术与艺术、城市与乡村、美学与伦理等许多方面，非单一科目或某一类专长教师所能满足。各学科只有通力合作，构成一个完整的多学科教育共同参与的多向度立体交叉网，才能实现环境教育的目的，培养公民的环境态度，涵养公民的环境道德，优化公民的环境行为。故在实施环境教育时，应统整各学科的资源，结合各学科的特点制定环境教育的计划。各科教学统一配合，保证每门学科的有关教学内容同环境教育的整体目标统一起来。

知识性和思想性是环境教育不可分割的两个方面，没有对环境科学知识的了解与掌握，就谈不上确立正确的环境价值观，同样，没有正确环境价值观的确立，就不能从根本上理解及解决环境问题。因此，要坚持环境教育内容的综合性原则。

二、形式多样性原则

（一）形式多样性原则的含义

这一原则是指环境教育的教学除了遵循教育的共性方法以外，还应结合环境教育自身的特点挖掘特殊的教育形式。不应该只限于课堂上的知识传授，还应该创造丰富多彩的环境教育实践活动，使之成为环境教育的重要载体。

（二）我国目前环境教育的主要形式

正规学校教育是目前我国进行环境教育的主要途径。我国开展环境教育的主要方式与国际环境教育相一致，主要有渗透式和单一学科模式两种。

所谓渗透式，就是将环境教育渗透到相关的学科及校内外的各种活动之中，化整为零地实现环境教育的目的和目标。这种课程模式便于将环境领域的各方面内容分门别类，使学习者在各科学习中获得相应的环境知识、技能和情感，同时，它也无须专门的环境教育师资、教学时间、实验场所和设施等，这对于缺乏教育资源、经费和师资等条件的国家来说，不失为一种有利的模式。我国中小学环境教育大多通过各科教学来进行，现行的小学课本中有涉及栽花种草、植树造林的和有关动物的课文，小学自然课本中包括了水、土、空气、能源矿产的保护和动植物与环境的关系等环境教育内容；初中生物课本中有植物资源的保护、自然保护区等内容；高中地理课本中有人类活动和气候，温室效应等章节，化学课本中有三废污染与防止等内容。

所谓单一学科模式，即选取有关环境科学的概念、内容方面的论题，将它们合并为一体，发展成为一门独立的课程。渗透模式因涉及多门学科，易使环境内容过于分散而难以相互衔接，导致环境教育缺乏系统化。为此，一些国家探索了单一学科模式进行系统的环境教育。这种课程模式在一定程度上避免了渗透模式内容零散而不系统的缺点，使环境教育具有更高的针对性和系统性，但这种模式对精力与财力的投人以及专职教师与设施的配备有了更高要求。目前采用单一学科模式较为典型的国家有澳大利亚、印度、孟加拉国等，它们已将此模式列入学校环境教育课程发展的策略。近年来，我国也在一些中学进行试点，将单独开设环境教育课纳入学校教学计划之中，正式诽入课表。不少学校采取各科教师共同协作的办法，编写讲义并轮流讲授，以解决专职环境教育师资缺乏的困难。

环境教育的渗透式和单一学科模式是目前国际环境教育的主要途径，也被我国所采用。但这两种模式只是提供了环境教育方式的一般架构，在其下还要有多样的方法相伴随，才能提高环境教育的实效性。

环境教育教学方法的确定，不仅要具有一般教学方法的共性，还要有由环境教育独特的性质、内容和目的决定的个性。就一般共性而言，环境教育的方式方法与其他教育一样，可以采用传统的讲授法，即在教师的主导下，向学习者讲授环境领域的知识和概念，以此来促进学习者环境认知能力的发展。这种教学方法的计划性和目的性较强，能在短时间内传递大量的教学内容。但环境问题的综合性与解决问题的现实性，又决定了环境教育方法的个别性。针对环境教育实践参与性强的特点，环境教学应改变单一的传统说教式的教育方式，除在课堂上传授环境知识外，课外实践活动也要成为环境教育的重要阵地和载体。以知识传授为基础，以解决问题为重点，开展多种形式的环境教育活动，增强学生的环境感受力和保护环境的伦理态度与能力，这种形式直观而又形象、生动而又活泼，容易为受教育者接受，是环境教育重要而又有效的措施。

1972 年，国际自然保育联盟（IUCN）建议环境教育应融合下列教学方法：在环境中教学，即让学生置身于自然环境中并亲身去观察环境问题；教导认识环境，即除了让学生自行观察、记录外，教师应指导其进行环境分析与比较；为环境而教学，即以解决环境问题为教学主要目标，教学过程中引导学生思考、判断及评价。总之，要培养学生对环境的关注，环境教育的目的已远远超过为了技能和知识的获得，而涉及了行为的价值观，即个体对环境伦理的态度和理解。

根据这种精神，世界上很多国家都采取了多样的教育形式。如英国比较注重通过学生的亲身经历来培养学生的环境意识，鼓励青少年积极参与并听取他们对环境问题的看法；印度中小学通过环境学习活动，使学生理解和巩固环境知识，培养环保技能。此外，世界各国还纷纷通过电视、录像、广播、科技展览等方式培养学生的环境意识与环保技能。

我国自《全国环境宣传教育行动纲要》发布以来，各地中小学校开展多种形式的课外环境教育活动。在坚持环境教育的渗透式和单一学科模式的基础上，又融进了侧重实践的考察法和实验法。

所谓考察法，即根据教学需要，组织并指导学习者参加有关环境污染、自然资源和生态环境破坏的实地考察，或调查环境质量改善的具体措施及经验。这种方法将课堂知识与实际环境状况相结合，不仅可以使学习者更好地理解知识，增加知识的渗透力度，而且有助于培养他们的动脑动手能力。更重要的是，直观优美的环境或面对残酷的环境现实，更能从内心激发起他们爱护环境和保护环境的意识。亲身体验和现实参与，是变"要我做"为"我要做"的强大动力源。环境教育不再是被动的学习，而是充满趣味的参与。实地环境考察、自然环境体验、环境科学展览、校园传媒宣传等一系列的环境活动如春雨润物，在无形中塑造着人的环境意识。

所谓实验法，即学生在教师指导下，运用一定的器材、设备或其他手段，按照一定的条件与步骤对事物的生成演化进行独立的、多方面的观察和操作，从而获得最直接的感受。环境教育中的实验法，多以环境样品为分析对象。如测定大气降尘量、测定能见度、分析大气降水的酸碱度；分析水的混浊度、色度、硬度、酸碱度、氯离子含量等；分析土壤中可利用的氮、磷、钾含量或有毒有害物质的含量；净化水的试验、种植植物以保持水土的试验等。这种方法有助于激发学习者的积极性和培养解决问题的技能。

另外，面向社会大众的环境教育，其方式以依托社区和民间团体为主，组织开展环保科普宣传和日常环保活动。社区在改变人们生活模式中有独特的引导和服务作用，民间环保团体则有某些独特影响和专长，加以配合国际、国内的环保节日进行大规模专项环保活动，效果都很好。学校和媒体是宣传和传播先进环境理念的两大渠道。媒体在环境教育中具有巨大的潜能。在信息化社会，网络、电视、广播等媒体成为人们获取信息和知识的主渠道。通过多媒体进行环境教育，既可以扩大教育的覆盖面，真正实施对全民的环境教育，同时又可利用现代信息技术直观生动、便捷高效等特点，寓教于娱乐和生活之中，广泛而高效地开展大众化环境教育，使环境知识纳入受众的个人经验中，进而影响他们的环境意识和价值观。应当指出的是，我国目前的应试教育体制成为制约环境教育效果的瓶颈。各级学校尤其是中小学把提高升学率作为教学的主要目标，将考试成绩作为教育评估的唯一手段。由于环境内容不是升学的重点考试内容，所以，对其重要性的重视程度必然受到影响。因此，在我国教育体制和教育思想一时难以改变的情况下，探讨新的教育方法就更加迫切。

三、实践参与性原则

（一）实践参与性原则的含义

这一原则是指环境教育要引导公民运用所学到的环境知识，尝试解决具体的环境问题，在实践中培养他们保护环境的责任意识和解决环境问题的能力，使"知"落实到"行"上。

实现实践参与目标，是当今环境教育的重要特征之一。环境教育强调在亲身体验中发现环境问题；在解决现实环境问题的过程中发展批判与反思能力；在参与中增进交流与理解，形成正确的环境价值观；在实践中发展解决问题的能力，形成与环境和谐相处的正确行为习惯。实践参与是环境教育必不可少的环节，是环境教育有机的组成部分，是实现环境教育目的的根本途径。环境教育成功与否的最终标志，是公民是否具有正确的环境行为。空洞说教，就事论事，环境理论与实践"两张皮"，知识与行动分离，环境教育就难以收到实效。无疑，重校内而轻校外，重知识而轻能力的不体现参与性的环境教育方式，不利于提高公民认识、分析和解决环境问题的能力，也无助于提高公民的环境责任意识。

国内外的历史经验证明，发现和解决环保问题，需要广泛的公众参与和社会支持。一方面，需要公众个人"从我做起"，从身边小事做起，自觉投身环保事业；另一方面，还需要有使公众获得环境信息、参与环保事务的有效机制。要使整个社会"走上生产发展、生活富裕、生态良好的文明发展道路"，实现"让人民喝上干净的水、呼吸清洁的空气、吃上放心的食物，在良好的环境中生产生活"的目标，除了取决于环境教育本身之外，更重要的是取决于政府的立法、决策以及由此对全体公民的影响。动员社会各界力量，扩大环保公民参与，强比民主法治的监督约束机制的政策法规，是使环境教育广度、深度和力度得到加强的保障。

（二）以环境决策民主化推进公民实践参与

从世界的角度看，环保事业的原初推动力量大都来自于公众，没有公众参与就没有环境运动。与中国相比，日本人口资源压力更大，但却是世界上环保搞得很好的国家。日本在 20 世纪中叶工业化进程中，也经历过一系列严重的环境污染公害事件。从 20 世纪 60 年代起，日本的环境污染受害市民进行了大规模的法律诉讼，媒体也参加进来追踪报道有关污染事故，日本许多地区还成立了反对环境污染的民间组织对污染企业展开了斗争。1967 年日本颁布《公害对策基本法》，1974 年日本颁布《公害健康赔偿法》，以后更陆续颁布了一系列环保法规。特别是《循环型社会形成推进基本法》，用环境文化理念去促进国民自觉的环保意识与道德素质；用强制性手段推进新能源的使用，控制自然资源的消耗；既要降低废弃物的产生，也要提高废弃物的循环利用，还要对无法再利用的废弃物进行安全处置。经过十年努力，使日本形成了一个人口、资源、环境、文化相互协调的循环型社会，实现了环境与经济的"双赢"。

加拿大、美国等西方工业化国家也有较完善的公民参与的程序和规则，他们有环境影响评价立法，将公民的参与作为环境影响评价程序的重要组成部分。他们通过新闻媒介（如报纸、电台、电视台）或张贴广告发布拟建项目的厂址、内容，让公众了解建设项目的情况；政府主管部门应公众的要求，通过公众听证会听取公众对拟建项目的意见并进行答辩和解释，同时制定相应的解决办法；在拟建项目的环评报告书中设专门章节，用广大公众看得懂的文字论述公众的意见，并将环评报告书在当地图书馆等场所公布一段时间，供公众随时进行查阅。在西方国家，公众参与在环评中占有十分重要的地位,项目投资者在建设项目开工之前同公众进行磋商，是环境影响评价工作必不可少的一项重要内容。

我国公民的环境参与，也成为我国环境保护法律体系中的一项重要制度。1989年通过的我国《环境保护法》第六条规定："一切单位和个人，都有保护环境的义务，并有权对污染和破坏环境的单位和个人进行检举和控告。"但这一规定过于原则化，对于公民参与的方式、阶段、人员、效果等没有明确。因此，并没有形成公民参与的完整机制。国务院1998年颁布实施了《建设项目环境保护管理条例》，其中第十五条规定："建设单位编制环境影响报告书，应当按照法律规定，征求建设项目所在地有关居民的意见。"。这实质上是对环境影响评价过程中公民参与的规定，其目的是集思广益，使项目建设能被当地公民认可或接受，并将环境影响减到最小，以提高项目的社会经济效益和环境效益。

2003年9月1日我国开始实施《环境影响评价法》，规定了环境影响评价制度，意义十分深远。环境影响评价，是指在进行某项人为活动之前，对实施该活动可能给环境质量造成的影响进行调查、预测和估价，并提出相应的处理意见和对策。简言之，就是规定政府机关要对可能造成不良环境影响并直接涉及公民环境权益的专项规划，应当在该规划审批前，举行论证会、听证会等形式，征求有关单位、专家和公众对环境影响报告书的意见。环境影响评价制度，就是环境影响评价活动的法律化、制度化，是国家通过立法对环境影响评价的对象、范围、内容、程序等进行规定而形成的有关环境影响评价活动的一套规则。中国公民的"环境权益"明确写入国家法律，可以真正保障公民环境权益，加强环境决策民主化。它意味着公民有权知道、了解、监督那些关系自身环境的公共决策；它意味着不让公民参与公共决策就是违法行为。从此，环境影响评价的公共参与有法可依。

但是，《环境影响评价法》实施几年来的情况显示，目前我国公民参与环境影响评价还存在一些问题，《环境影响评价法》没有得到很好的落实。集中表现在信息公开不充分、不及时，公民参与范围不全面、参与对象的代表性不强、缺乏必要的信息反馈等几个方面。它虽然规定了公民参与的原则，使公民参与环境监督的权利在法律上得到肯定，但还缺少明确细致的法律规定，存在着范围不清晰、途径不明确、程序不具体、方式不确定、条件不具体等不足，难以实际操作，公民一旦遇到具体的环境问题，不知道如何参与；在环评程序中，也只要求在编制环评报告书过程时收集公民意见，没有规定政府在审批决策时，更多地采用听证会等方式来促进政府与公民的良性互动。但很多项目建设前不向大众公布，也不征求当地群众的意见，不召开听证会，公民没有机会反映自己的意愿和要求，找不到参与决策的渠道，从而加剧了公民的不满情绪。一些项目建成后的环境纠纷不断，甚至引发环境群体性事件。出现这些问题的原因是多方面的：一是建设单位、规划编制单位以及环境影响评价单位对公民参与的重视程度不够；二是公民缺乏参与环境影响评价的知识和技能；三是公民的参与意识不强；四是缺少对公民参与程序和方式等的具体而统一的约定。可以说，我国公民法定的环境参与权利，很多时候还是流于形式。

因此，为了提高环境影响评价中公民参与的有效性，应尽快从我国的实际情况出发建立一套比较完善的符合中国国情的环评公民参与机制，明晰公民参与决策的程序与权利，对公民参与的方式、对象、步骤、内容、时间阶段、参与的深度和广度等作出具体的规定或建议，并落到实处。应充分利用相关的报纸、电视、广播等媒体，预先发布建设项目信息，要用通俗易懂的语言告诉公民什么是环评，应采取何种方式、何种渠道来发表自己的意见和建议，同时还要帮助公民避免孤立地看待问题，既要让他们了解不利的一面，也要让他们了解有利的一面，包括项目建设的背景、对当地发展经济的意义。通过来取措施，切实加强公民参与，把他们的真实意愿和建议集中起来并加以综合分析，保证环境评估的科学性和客观公正，保证环评审查结论的准确可靠，保证建设项目污染防治措施切实可行并符合环境保护的要求，在促进经济建设的同时，实现保护环境的总体目标。

公民参与环境保护的程度，直接体现着一个国家环境意识、生态文明的发展程度，公民参与环境影响评价活动是公民参与环境保护的重要组成部分。公民参与有利于提高全社会的环境意识和增强法制观念，在社会上形成良好的环保风气和环境道德习惯，形成对污染和破坏环境的现象"人人喊打"的强大声势，使环境保护收到事半功倍的效果。建立公民参与制度对于提高公民的环境意识和参与意识有积极作用。同时，公民参与环境保护可以提高政府环境决策的效率和公众对决策的认同。目前我国的公民环境意识和环境参与程度还很弱。因而，引进公民参与机制，是提高公民环境意识的需要。公民通过亲身的参与，可以从对环境由本能而自发的关注转变为主动且自觉的行动。

四、对象全程性原则

《全国环境宣传教育行动纲要》指出："环境教育是面向全社会的教育，其对象和形式包括：以社会各阶层为对象的社会教育，以大、中、小学生和幼儿为对象的基础教育，以培养环保专门人才为目的的专业教育和成人教育等四个方面。"按照文件精神，我国环境教育的对象和形式具体包括：第一，基础教育。以大、中、小学生和幼儿为对象。第二，社会教育。以社会各阶层为对象。第三，专业教育。以培养环保专门人才为目的。第四，成人教育。以提高职工环境素质为目的。这四项又可以概括为两大类：其一，学校环境教育——以幼儿、小学生、中学生、大学生为对象，既有基础教育，又有专业教育；其二，社会教育又称为终身教育——以社会各阶层为对象，包括以提高职工素质为目的的成人教育。环境教育应面向各个层次的所有年龄的人，它是包括正规教育和非正规教育两个层次的全民教育。在正规教育之内，它以跨学科活动为基本策略；而在非正规教育上，它以开展在职人员培训的大众教育为基本途径。

环境教育始于学前教育，贯穿于正规和非正规教育的各个阶段，对公民来说，接受环境教育是一个连续的终身过程。依据年龄层次，环境教育的阶段分为儿童环境教育、中学环境教育、大学环境教育和社会环境教育四个阶段。

（一）儿童环境教育

儿童环境教育包括幼儿园和小学阶段。幼儿园的孩子对自然、环境的认识处于一种混钝的韧始状态，是情感培育与行为养成的建构时期。这一时期，着重于态度的培养和习惯的养成。

对小学阶段的学生，重在培养亲近自然、感受自然、认识自然、关心自然、热爱自然，建立人与自然和谐共处的意识和情感。与日常生活密切相关的自然知识和环境知识是传授的重点，多姿多彩的大自然是教育的素材和内容，"自然教育""自然学习"或"户外教育"是教育的方法。对小学低年级（1—4年级）来说，应有更多接触自然和亲身感受自然事物和现象的机会，使之在体验自然的过程中了解保护自然的道理。对于小学高年级（5—6年级）来讲，环境教育的重点是让他们直接面对与环境相关的事物和现象，使之形成对环境的具体认识，同时，指导他们把握事物和现象间的相互联系及其因果关系，提高解决问题的能力。

儿童环境教育，对人的环境意识的形成起着奠基性的作用，是人生最容易实施环境教育的时期，因此，它是环境教育的重要阶段。20世纪70年代，我国开始把环境教育纳入小学教育计划和教学大纲，80年代开始在幼儿园和小学进行普及环境科学知识教育试点。小学环境教育从"三个一"（节约一滴水、一度电、一张纸）、"五个不"（不乱丢果壳纸屑、不摘花折树、下课不在走廊上奔跑蹦跳、不大声喧哗或高喊、不乱涂乱画）开始。三十多年来，环境教育坚持"浅显""渗透"和"课外活动"的原则，取得了显著的成绩。

（二）中学环境教育

中学环境教育包括初中、高中和职业中学阶段。这一阶段的环境教育目标，是使他们对环境保护有较全面的理解，培养其具有初步的分析和评价能力，让他们的行为合乎环境保护的准则。对高中生，应能综合地思考和判断环境问题，使其有进行合理选择和意志决定的素质，有主动保护和改善环境的能力和态度。在这一阶段，目前世界各国一般都不设专门课程，而是结合有关课程（生物、地理、常识等）和校内外的各种活动（参观、访问、调查、旅行等）进行环境教育。在此阶段，可以引进较深入的环境介绍及政治、经济和社会方面的内容。

（三）大学环境教育

这一阶段的环境教育包括大学和研究生两个阶段。一是针对环境专业的学生进行的专业环境教育，如环境工程、环境保护、环境科学等，旨在培养消除污染、保护环境以及维护高质量环境所需要的各种专业人员；二是面向全校学生、覆盖所有专业、跨学科的普及式的通识环境教育，教育内容以环境伦理学、环境与社会、可持续发展等为主。但这种教育在我国并不普及。目前，我国环境教育已纳入九年义务教育，但对大学生的环境教育，仍限于环境学科专业的学生，对于非环境学科的学生还没有环境教育的内容安排。透视大学校园的环境状况和大学生的环

因此，要将环境教育列为高等教育的一个基本组成部分，将《环境保护与可持续发展》、《环境伦理学》等课程列为学校本科生公共基础课，同时开设环境教育方面的公共选修课等，让学生有更多的机会了解环境，掌握环境知识，帮助学生认识环境的多重价值，如生活价值、经济价值、审美价值和伦理价值，强化积极保护和改善环境的理念与技能，激发对环境的强烈关切之情。

另外，还可以开展以提高环境意识为中心的校园环境文化建设，如通过开设环境讲座，组织环境科学沙龙，举办"人与环境"题材的演讲和辩论，组织环境知识竞赛，举办环境科普周或环境夏令营等，让学生在老师的指导下，参加丰富多彩的环境教育活动，调动广大学生的积极性，提高环境教育效果。

与中学环境教育相比，大学环境教育应该更多地关注人类经济社会发展过程中的和谐发展问题、环境决策问题以及对环境的批判性思考问题等。使大学生树立正确的环境情感、态度和价值观，具有保护环境所必需的知识、技能、参与意识和能力。使其懂得，只有保护好环境，促进人与自然和谐发展，才能最终促进政治、经济、社会的全面发展。《第比利斯政府间环境教育会议宣言和建议》特别指出：大学的环境教育将逐渐区别于传统的教育，应传授给学生从事将来专业工作所需的、能使环境受益的重要基本知识。并建议各成员国根据大学教育结构和特点进行不同

形式的合作，发挥物理学、化学、生物学、生态学、地理学、社会经济学、伦理学、教育学和美学等学科的作用，将环境教育进行有机渗透。。高等环境教育不仅在遏制环境恶化、改善环境质量方面有着自己特殊的地位，而且在推进可持续发展战略，促进社会、经济、生态协调发展方面也有着举足轻重的作用。

总之，学校环境教育是一种有组织、有计划、有一定环境培养目标和内容的正规教育。从国际环境教育的发展历程和理论研究来看，学校环境教育是整个环境教育的关键环节，它是培养公民环境素养、提高环境意识的最为重要和最为有效的载体。

（四）社会环境教育

这一阶段的环境教育是一种面向社会大众的教育。是以社会各阶层为对象，包括以提高职工环境素质为目的的成人教育，它是环境教育过程的最后阶段。随着国际教育的改革与发展，终身教育正成为一股风靡世界的国际教育思潮。现代终身教育理论认为，终身教育应成为学校教育，甚至整个国民教育体系的重要组成部分，这对促进人的全面发展具有重大作用。《第比利斯政府间环境教育会议宣言和建议》指出："环境教育应是一种全面的终身教育，能够对这一瞬息万变的世界中出现的各种变化作出反应……环境教育应面向各个层次的所有年龄的人，并应包括正规教育和非正规教育……环境教育必须面向社会。它应促使个人在特定的现实环境中积极参与问题解决的过程，鼓励主动精神、责任感和为建设美好的明天而奋斗。"

对每一个公民来讲，接受环境教育是一个连续的、终生的教育过程。受人的知识、意识、情感、态度和价值观的影响，以及培养人的循序渐进的教育规律的制约，加之层出不穷的新的环境问题和人们对环境问题认识的不断深入，环境教育必然是一个动态的不断深化的整体性和持续性的过程，从对世界进行简单感知的幼儿阶段开始，直到生命的结束。

学校环境教育是正规教育，它以跨学科活动为基本策略。而面向社会大众的非正规教育，是以开展在职人员培训的大众教育为宗旨的、有组织的教育项目。随着环境保护工作的深入展开，人们越来越深刻地认识到，环境教育是环境保护的一项百年大计和战略措施。因此，非正规环境教育是建构全程环境保护教育体系不可或缺的环节。相对于儿童、中学和大学环境教育而言，非正规环境教育是一种延续和补充，更是一种提高和升华。通过社会环境教育既可以弥补既往教育过程中环境教育的缺失，也可以进一步提高公民对环境和环境问题的认识，使他们意识到对环境所负有的责任。在这个阶段，环保职能部门及其从业人员和各级领导干部是培训的重点对象。环保职能部门，既是资源与环境保护管理的领导者，又是资源与环境保护的法律执行者。要通过定期的环境教育让他们及时了解环境变化发展的趋势，环境学科发展的最新成果和研究状态，提升他们的资源与环境管理水平、管理效率和职业道德，更新环保从业人员的专业知识。另外，各级领导干部对地方经济发展与资源环境保护具有不可推卸的责任。既要把经济建设搞上去，又要把资源环境保护好，就必须加强资源环境保护知识的学习，使他们在组织区域范围内经济建设时，能够充分考虑并协调好经济发展与资源环境保护的关系，实现经济社会的可持续发展。除此之外，广大公众也是社会环境教育的重要覆盖对象。保护环境，不仅要有掌握环境科学的专门人才，还要有具备较高环境与发展意识的民众。环境问题涉及各行各业和千家万户，关系到每个人的生活、工作和健康，因此，从普通的工人、农民、军人、知识分子等，到掌握国家地方各级政府方针大略的领导者，都应接受终身、系统的环境教育，这样，提高环境意识才不会流于一句空话。环境问题的解决有赖于全体公民的协同配合和终生努力。

总之，环境教育是一种面向全社会各个层次、所有年龄段的教育体系，针对不同层次的对象，环境教育在广度和深度上以及在所采取的形式上都应有所不同。要有系统、有计划、有目的、有层次地渐次推进。因而，应根据不同发展时期的年龄特征和认知特点，对环境教育的目标和任务、内容和方法等进行科学分析和研究，必须适应教育对象的发展阶段进行教材的选择和指导。教育应注重由低到高的原则，不同阶段的环境教育要相互衔接，避免前后脱节。在不同的年龄阶段要体现相应的特点：幼年的环境教育应注重环保意识的起步培养，从生活的点滴做起，通过感知、体验自然培养起朴素而牢固的环境意识；青少年时期则应强调环保知识的掌握，有目的地组织环保检测实验、环境友好实践、志愿服务等活动，着手培养环保的实践能力；到成人阶段，环保教育的侧重点则应放在环保理念与实践行为的结合上，使受教育者在日常生活和经济活动中自动建立起环保自觉反应机制，并创新性地不断开拓环保实践的新内容。毫无疑问，各个阶段有一根红线贯穿其中，即环境情感的培养、环境态度的养成和环境价值观的确立。

五、区域重点性原则

（一）区域重点性原则的含义

这一原则是指进行环境教育时既要立足于国家、世界的环境问题，又要注重自己所在区域的具体情况，要根据各地区自身的环境特点来开展环境教育，将大处的整体与身边的部分结合起来。

环境问题虽然十分复杂，但地域性非常明显。我国地域辽阔，各地经济基础发展不平衡，风俗习惯不一，文化教育、自然资源、环境条件千差万别，形成了地区之间环境问题也不相同的区域性差异。农村与城市，经济发达地区与经济欠发达地区，环境问题各不相同。与此相联系，我国环境教育发展程度地区差异大，在地区布局上不平衡，无论是环境教育的政策，师资力量，教学设施，教育水平，资金投入水平，政府机构的环境保护意识，还是公民具有的环境意识水平，经济发展与环境保护的制约关系等，东部地区优于西部地区，经济发达地区明显优于经济落后地区，城市则明显优于农村。尤其是我国西部地区和一些偏远贫困地区的环境教育发展较差，甚至没有发展。存在如此众多的问题，从客观上说，是因为经济条件和社会发展水平的限制，经济落后是主要原因。经济是社会发展的基础及动力，经济条件决定着人们的意识状态。针对于此，环境教育的开展要符合区域性特点，各地区要把环境教育的一般性原则与本区域的特点相结合。一方面，要进行宏观的全局的环境形势教育，环境教育须符合国家利益；另一方面，应从本区域的实际环境问题入手，有重点、有针对性地进行。要立足本地，关注本乡、本土，关心自己周围的环境，进行因地制宜、切合实际的区域性环境教育。

（二）区域重点性原则实施的方式

对于发达地区，环境教育起点目标要高。这些地区经济、文化发展快，与国外联系较多，环境教育要跟踪国外最新的发展动向，努力提高公民的环境意识。专业教育和在职教育应当传授最新的环境治理知识，以课堂教育与专业培训为主，有意识地开展一些有关的环保活动。

而欠发达地区经济的落后制约了社会其他方面的发展，科学文化教育水平相对较低。目前，我国15岁以上的文盲、半文盲占总人口的22.27%，大部分集中在落后地区。环境问题与发达地区的由现代工业的快速发展引起城市空气污染，排放污水导致江河污染也不相同。如西北地区常年干旱，水土流失，土地荒漠化严重，近年来沙尘暴肆虐无忌；青藏高原草原严重退化，湿地面积减少，城市和工业集中地区环境污染相当严重等。在这种地区开展环境教育应有不同的方针，在职教育要力争突出实用、能够解决实际问题，提高各层次人员的环境保护意识，而且要加大环境教育的力度。

中西部更需要环境教育，长期以来，由于自然、经济、社会和历史等多方面的原因，造成西部地区的生态环境不断恶化。环境形势相当严峻。西部大开发既给西部生态保护带来机遇，也使其面临严峻挑战。西部的环境保护工作必须走跨越式发展的路子：一是发展阶段的跨越。西部在加速工业化、城市化初始时期和较低的收入水平下，就需注意协调经济社会发展与环境保护的关系，开展大范围、大规模的环境保护工作。二是要让中西部地区的居民有不以牺牲环境作为代价来发展经济的意识，西部环境与经济要走"双赢"的道路。而这一切都离不开公民环境思想意识的重大变革。

环境教育是一种全新的教育，没有现成的理论和经验可以遵循。环境教育原则不是人的头脑中主观自生的，每一步发展都是人对客观现实的反映和超越。随着环境问题的变化和教育理念的发展，环境教育原则也会不断地调整，因此，它处在不断变化和发展的过程中。正如恩格斯指出的："原则不是研究的出发点，而是它的最终结果；这些原则不是被应用于自然界和人类历史，而是从它们中抽象出来的；不是自然界和人类去适应原则，而是原则只有在符合自然界和历史的情况下才是正确的。"

第三节 公民环境意识存在的问题

一、公民对环境问题的关注程度低

公民对环境问题的关注，主要包括两个基本方面：一是对环境保护工作的认知，即公民对总体环境状况包括各种具体环境问题严重程度的认知；二是对环境保护科学知识的了解。

中华环境保护基金会的全国调查显示，69.9%的公众认为我国总体环境问题很严重或严重，认为国家实行环境保护政策非常重要。另有20.7%的人认为"不严重"和"根本不严重"，还有19.3%的人"说不清"或"不知道"。据中国社会科学院委托国家体改委社会调查系统进行的一项社会调查表明，62.5%的人认为保护环境"非常重要"，32.1%的人认为"比较重要"，两者合计达93.6%。认为"不太重要"和"不重要"的人只有3.8%。据国家环保总局和教育部的"全国公众环境意识调查报告"显示，认为环境污染"非常严重"和"比较严重"的人数比例共计为56.7%，远高于认为"不太严重"和"没有问题"的22.8%。但当把环境问题与其他社会问题相比较，则显示出公众对环境问题的重视程度较低。对"世界面临的问题"排序上，共设六个问题，环境问题居第四位，排在它前面的是贫困、教育落后、人口过多；对"我国面临的问题"的排序上，共设六个问题，环保问题仅居第五位，位列其前的是社会治安、教育问题、人口问题、就业问题。对"我国发展目标"的排序上，环保问题也居第五位。公民在对我国各种发展目标的重要性进行排序时，把环境保护排在了最后一位，而经济发展被排在了首位，其次是科教进步、人口控制和社会公平。在世界和我国的两个层次上，公民选择的环境保护排名均较后。说明公民不但对环境问题的关注、重视程度较低，而且对我国"经济建设和环境保护相互协调"的发展战略缺乏足够的认识，我国环境保护依然任重道远。

同时，公民对我国环境状况变化趋势的认识趋于乐观。国家环保总局和教育部的调查显示，对于本地5年来环境变化的认识，43.3%的人认为本地环境恶化"好转"了，23%的人认为"没变化"，只有25%的人认为"恶化"了。这与我国环境恶化的严峻事实有些相违，折射出人们对我国环境问题的现状，对环境恶化趋势缺乏足够的认识，同时也反映出公民对政府环保工作的信心与期待。与此相联系，公民对未来的预期较为乐观，又46.8%的人认为本地环境状况会好转，11.6%的人认为会恶化。

另外，中国公民的环保知识水平还处于较低的层次。多数被调查者环保意识较为模糊，据国家环保总局、教育部的调查显示，35%的人对治理污染措施的认识还停留在环境卫生的层面上。但也有调查显示，被调查者具有较多的环保知识，但根据分项得分，居民环境知识、环境态度和预期环境行为所处的水平不协调，即居民将掌握的环境知识和正确的环境态度转化为环保行为时缺乏主动性和自觉性。近年来，为环境问题投诉、上诉的人比例不足4%，但当工厂噪声影响个人生活时，选择"找厂方交涉"的比例猛增到44%。说明只有当环境污染直接侵害了个人利益时，才会有较多的人愿意采取环保行动，维护自己的合法权益。

在对经济发展与环境保护关系的认识上，人们既希望发展经济，也希望不破坏环境。但在现实的选择上，人们作出选择的平衡点大多侧重于追求经济利益，而不惜牺牲环境。可见，在涉及当地经济发展的时候，公民更倾向于经济建设重于环境保护。相当多的人不赞成为了保护环境而放慢经济发展的速度。人们并不认为经济建设是造成环境污染的最主要的原因。这表明人们更倾向于接受"经济发展不可避免地要以破坏环境为代价"的观念。可以看出，在对环境保护与经济发展的优先性的选择上，人们更倾向于选择经济发展优先。

二、公民环境道德意识簿弱

环境道德是环境意识的重要内容。环境道德倡导人与自然的和谐发展与共存共荣，提倡人类培养尊重自然、爱护生命、保护自然环境的道德情操，主张公民应建立科学健康的生活方式和生产方式：平等地对待生命，道德地改造自然，合理地追求物质需求，适度地进行物质消费等，尽到管理好地球家园的道德义务。

据国家环保总局、教育部的调查显示，公众的环境道德意识较弱，75%的公众在购物时不考虑环保因素，只有 25％ 的人考虑这一因素。35％ 的人愿意为环境保护而接受较高的价格，而不愿意这样做的人高达 65％。只有 30％ 的人在处理废弃物时符合环境道德要求，其中城市居民的环境道德水平高于农村居民，高出28％。公民更多地关注与自己切身利益密切相关的身边的环境问题，认为应当优先解决的都是每天在生活中遇到的各种环境问题，如水和大气污染、噪声、工业垃圾、生活垃圾、食品安全等。"健康源于环境"的理念深入人心，反映在近些年来公众重视生活质量要素，如以噪音为主的环境纠纷日渐增加，绿色食品走进商场，"回归自然"的旅游受到青睐，家庭装修选择环保材料，饮水饮用净化水等等。这一趋势表明，对生命的珍惜，进而对环境质量的要求，是一支推进环保的重要社会力量。但这些都属于浅层环境意识，也称为"日常环境意识"。而更广泛范围的深层的生态意识，如关于野生动植物保护、耕地减少、森林破坏、荒漠化、海洋污染等离公众日常生活较远的环境生态问题则有相当多的人知之甚浅，即使知道也没有引发深刻的忧患意识。而对于所谓气候变暖、酸雨或其他大规模的生态灾难更是无动于衷。一方面，公民对于与自身利益相关的污染事件会积极地寻求解决；另一方面却对现实中发生的另一些环境破坏和污染事件视而不见，对更深远的生态问题漠然处之，这位我国公民的环境意识呈现二元结构，即日常环境意识较高，深层的生态意识较低，是一种自我保护型的环境意识。这说明我国公民的环境道德修养有待提高。

现实中，不符合环保观念的自然观和行为方式屡见不鲜，追求眼前经济利益而破坏环境和生态，成为一部分公民的惯常行为。如云贵地区的农民出售红豆杉树皮以赚取微薄的经济利益，使我国这种珍稀树种遭受了灭顶之灾，从百年老树到一两年的幼苗都难得幸免。宁夏等地挖甘草和发菜的逐利行为，使本已因过量放牧而导致的草场急剧退化雪上加霜。即使是一些文化人士，其环境行为也严重地背离环保理念，如某电影摄制组毁坏云南香格里拉碧沽天池原始风景区，致使静悄悄美丽百年的原始生态高山杜鹃花盛景难以再现，令人痛心，也耐人寻味。

三、公民参与环保活动水平较低

环境保护政策与其他政策一样，不但需要观念的深入，更急需环保行动的实施。目前，由于我国公民环保知识水平、道德意识均处于较低层次，加上"怨多行少"

或"知多行少"的现象普通存在，更导致公民参与环保活动的总体水平较低。

国家环保总局和教育部的调查显示，公众低度参与比例为65.9%，而高度参与比例仅为8.3%。人们一方面呼吁文明和改善环境，一方面在行为方式上又表现为一定程度的冷漠，理念与行为严重脱节。这种状况不利于环保政策的有效实施。一个人（或群体）的环境意识的强弱，可以从其在生活、工作和社会活动中的环境行为体现出来。另外，中华环境保护基金会的调查显示。，69.6%的人认为周围人的环境意识较弱或极弱，对周围人的环境行为评价不高。尽管很多人对周围其他人污染环境不满意，但是自己也在做污染环境的事，而且心安理得。当问到如果发现有人（单位）在做破坏环境的事情你将如何应对时，64.9%的人认为不会去过问，35.1%的认为会去过问，但也只是过去说说而已，很少有人采取进一步有效的行动。在认为不会过问的人中，主要原因是与己无关不必管、管也没用和应由环保部门去管。在认为会过问的人中，居首位的是只去劝阻而已，接下来的是报告环保部门、新闻媒介和地方政府。这些结果反映出，公民对于与自己没有直接关系的环境问题采取消极的态度，公民参与环境保护的程度很低，不能依法积极和有效地抵制破坏环境的行为。

根据国家有关规定，环境保护中的公民参与包括以下几个方面：一是积极参加环境建设，努力净化、绿化、美化环境；二是坚持做好本职工作中的环境保护，为环境保护尽职尽责；三是参与对污染环境的行为和破坏生态环境的行为的监督，支持环境执法，促进污染防治和生态环境保护；四是参与对环境执法部门的监督，促其严格执法，保证环境保护法律、法规、政策的贯彻落实，杜绝以权代法，以言代法和以权谋私；五是参与环境文化建设，普及环境科学知识，努力提高社会的环境道德水平，形成有利于环境保护的良好社会风气。

这几个方面的参与行为体现了从易到难三个层面。第一层面是公民对环境宣传教育的参与。要求公民对环境宣传抱有热情，同时主动、自觉地参与到这一学习过程中来。第二个层面是公民自身的环境友善行为，如自觉维护环境卫生，绿化、美化环境，不做破坏环境的事情。在这一层面，公民的环境意识转换成环境行为，爱护环境，从我做起，多做有利于环境的事。第三层面是鼓励公民发挥民主监督作用，包括对污染环境行为和破坏生态环境的行为的监督，以及对环境执法进行监督。这个层面对公民的政治能力要求很高，参与难度最大，是公民参与的最高层次。它要求公民要具备一定的环境知识、法律知识，同时还要有主体性和参政意识。在中国的国情条件下，公民环保参与的最高层次只停留在政策执行的监督层面，而且参与人数比例极低，有近1/3的人处于完全不参与状态，而在参与的人群中，大多也只能做到参加有关环境保护的公益劳动或活动，仅对自己的行为进行约束，使之有利于保护环境。公民环保参与行为的政治含量较低。经验证明，公民的环保参与发展到一定程度，就会上升到政治领域，即依据法律赋予公民的权利，参与国家环境管理的事务。但目前这一点体现得很不充分，公民中只有少数人为解决日常环境污染问题进行投诉、上访，更谈不上有政治含量的环保参与行为，如参与环保决策、影响国家发展政策等。这反映出目前中国公民环保参与水平还有待进一步提高。

四、公民生态消费意识淡薄

正确看待人与自然的关系是环境保护政策实施的前提。但据国家环保总局、教育部全国公众环境意识调查报告显示，在对人与自然关系的看法上，相当部分的公众持有不符合环保观念的自然观。33.9%的人认为："人应征服自然来谋求幸福"，居于各种观点之首。这是一种人类中心主义的自然观，不利于实施环保政策和实现社会可持续发展。作为一名公民，"消费者"是永恒的身份，因此树立合理的消费观尤为重要。"生态消费"或"绿色消费"是应可持续发展观而提倡的消费方式，是人们为保护和改善环境而在消费上作出的一种主观努力。近年来，由于环保运动的发展，我国公民的生态消费意识在逐步提高。但是，多数情况下这种生态消费意识并不能够转化为实际行动。在消费观念上，公民不但"绿色"意识薄弱，且在行动上也缺乏主动性和自觉性。现在，人们的物质消费欲望有增无减，许多人向往既不符合国情也不符合环境意识的奢华生活。可以说，绿色消费观念在中国还只是少数人的呐喊，既没有成为各级政府经济政策的决策依据，也没有成为百姓的日常理念。

五、公民的环境意识呈"政府依赖型"

中国环境保护工作具有鲜明的政府主导色彩，采取的是自上而下的管理模式，这与西方国家自下而上的环境保护管理模式有很大的不同。

20 世纪 50—60 年代，生态破坏和环境污染引起西方公众对环境保护的强烈关注，因而掀起了群众性的环保运动。环保运动包括宣传环境意识，组织、发动群众向政府呼吁，采用不同方式给政府施加压力，直至发挥团体优势，积极影响或参与政府决策。最早的环境运动往往是由环境污染的受害者自身发起的，随着大规模的环境破坏的发生，环境运动的影响面逐步扩大，环境保护的观念最终得以公众化。在这个过程中，西方社会的文化精英和政治精英对环境保护运动和现代环境意识公众化起了催化剂的作用。在他们的影响下，公众的环保要求被组织化，从而得以延续和壮大。从 20 世纪 70 年代到 80 年代，环境运动达到高潮，公众的参与和压力对政府制定环境保护的政策和法规具有非常重要的影响，自下而上的公民自发性的环境保护运动对于环境保护政策的制定有很大的推动性，是国家政策制定的重要影响因素。在此背景下，西方各国在政策、法令以及思想、信仰、生活方式等各方面都掀起了绿色化的浪潮，现代意义上的"环境"及"环境意识"等概念得以形成。

这种自下而上的模式，是通过群众的环保运动、民间组织、政府以及立法机构之间的相互作用来推动的。大部分政府机构不发起环境行为，但是响应群众的关心。一般说来，社会机的关心。一般说来，社会机构、教堂、大学和公司都不发起环境行为。这些活动的发起来自活跃的市民和群众组织，通常是自愿者组织被一些环境争论所鼓动。所以，环境主义（保护行动）和环境教育基本上是群众性社会活动或发源于群众活动。政府对公众关心环境保护的反应是，公众的关心越强烈，则政府的反应越大。当然，政府还必须与许多其他问题进行斗争，所以只有当环境关心成为不仅有巨大说服力而且有巨大压力的方式时，才会引起政府的注意力并导致政府行动上的反应（而不是语言上的）。这种模式的流程是：当环境问题出现时，首先是公众自发地组织起来，进行示威、游行，向政府施压。政府在公众和社会舆论的压力下，着手制定环境政策、法规、标准、规划，限制企业排污，企业随即参与环境保护。从公众到政府，再从政府到企业。由于很多环境政策都是在公众的催促下产生，因此，政策的实施、法规的执行就具有广泛的民众基础。这也反映出，西方发达国家的公民环境意识具有较高的水平。

我国公民环境意识还处在形成的初期，环境意识还显薄弱。从一开始，环境保护工作就受到政府的引导和支持，呈现出政府积极制定政策、强制推行政策、组织教育公民的自上而下的管理模式。我国环境保护运动大多是由政府发动、支持和赞助的，如"中华环保世纪行""环境保护宣传月""世界环境日"等。国务院在1980年3月和1981年3月，先后两次开展了全国性环境教育月活动。活动以普及环境科学知识、环境保护法规知识和宣传环境政策为主要内容，动员了各级环境保护部门和宣传教育部门、新闻出版单位、科研院所以及各群众性学术团体，运用了各种宣传形式，"开创了环保、教育、宣传部门合作开展环境教育的模式。这种面向公众，各部门协作，进行大规模、大范围、短时间的'潮涌式'环境教育模式，在后来很长一段时间里成为中国环境教育的主流模式"。。这种由政府组织的大规模的教育模式，能够在短时间内使更多的公民对环境知识和环境问题形成基本的认识，具有见效快、覆盖面广泛的特点，对人口众多、时间紧迫，任务繁重的我国环境意识教育有很大适用性。

从公众调查，也可以反证政府在环保工作中的作用。近几年来，我国环保工作取得了很大成效，环境恶化的趋势得到控制。公民对政府的有效工作进行了肯定，据国家环保总局和教育部的"全国公众环境意识调查"显示，半数受访人认为目前环境污染状况有所好转的主要原因是政府采取了一些环保措施。只有5%的人认为，个人环保意识的提高是环境污染状况好转的原因。43%的人认为未来环境状况的好转也取决于政府的环保措施，高居于经济发展、人的环保意识提高等因素之上。这表明，公众认为政府应该在环保工作中发挥主要作用，同时，对环境状况的进一步改善充满信心，对政府寄予厚望。但另一方面，也折射出人们对我国环境问题的现状，对环境恶化趋势缺乏足够的认识。

公民认为政府应当加强的环保措施，居首位的是环保宣传教育工作，而发挥民间环保组织的作用被排列在了最后。在公民认可政府在环保工作中的主导作用的同时，60%的人认为造成环境污染和生态破坏的原因，是政府对环境问题重视程度不够。这在某种程度上反映出，我国公民的环保意识具有政府依赖色彩。在中华环境保护基金会的调查中，84.6%的人不同意"环境保护是国家的事，与我个人无关"的说法。但是，大多数公民对个人的努力信心不足，在回答目前改善环境问题最主要是靠什么时，只有9.0%的人选择靠"每个人对环境保护的努力"，5.8%的人选择靠"公民的自发的保护环境运动"，63.3%的人对"单靠个人的努力，无助于解决环境问题"这一说法表示较同意或同意。说明公民对个人在环境保护问题上的责任认识不够，认识处于比较低的水平。

在国家环保总局和教育部的调查中，对"导致环境污染与生态破坏的原因"，公众的排位是环保意识差、政府对环境问题重视程度不够和人们的守法意识差，而不是人口膨胀、消费快速增长和经济发展过快等。政府对环境问题重视不够成为造成环境污染与生态破坏的主要原因。在探讨保护和治理环境的责任时，虽然受访人也承认企业和个人是造成环境污染的责任者，但在对准应为保护环境负责的问题上，公民仍普遍认为政府应在环保方面负更多的责任或应担当起主要责任。这反映出，在我国普通老百姓的观念中，环境保护更多的是政府的事，与个人关系不大。折射出公民对政府的高度依赖性，对自己在环境保护中的作用认识不足。中国社会调查事务所（SSIC）的调查，反映出公众对于政府解决环境问题的信心。但调查中高达65.9%的低度参与率以及公众对各地政府环保措施64%的不知情比率，则反映出公众对于自身在解决环境问题中的作用和定位并不明确，公众的环境意识更多地表现为"政府依赖型"。

以上调查结果表明，我国公民环境意识水平总体上较低，环境意识薄弱，这反映在公民对环境问题的重视程度、公民的环保知识水平以及公民环保活动的参与比率等各方面均处于较低层次。公民参与环境保护属于较低层次的参与，多数公民在主观上建立了有利于环境保护的价值观念，但是在行为上却表现出参与的不足。多数人对公民在环境保护中的作用缺乏认识，在生活和工作中采取不负责任的环境行为，不能积极地依法制止破坏环境的行为。概括而言，当前我国公民环境意识方面的问题主要表现为，公民对环境问题的重视程度不够，重直接生活环境而轻间接生态环境，环境知识水平总体偏低，并且知多行少，说多做少，呈严重的"政府依赖型"和"自我保护型"。这种状况不利于环境保护的实施，因此，要对公民加强环境教育，培育良好的环境意识。

参考文献

[1] 姬振海. 生态文明论 [M]. 北京：人民出版社，2007.

[2] 马桂新. 环境教育学 [M]. 北京：科学出版社，2007.

[3] 祝怀新. 环境教育的理论与实践 [M]. 北京：中国环境科学出版社，2005.

[4] 曾建平. 寻归绿色 [M]. 北京：人民出版社，2004.

[5] 范恩源，马东元. 环境教育与可持续发展 [M]. 北京：北京理工大学出版社，2004.

[6] 王丽爽，林宪生. 旅游文化视角下的环境教育 [J]. 时代教育，2015(01).

[7] 黄娜. 加强旅游环境教育的主要对策 [J]. 科教导刊 (中旬刊)，2013(02).

[8] 冯永刚，董海霞. 环境教育：英国道德教育的重要途径 [J]. 外国教育研究，2010(03).

[9] 胡守钧. 走向共生 [M]. 上海：上海文化出版社，2002.

[10](英)JoyA.Palmer.21 世纪的环境教育 [M]. 北京：中国轻工业出版社，2002.

[11] 李吉霞，张翠萍. 国外环境教育特点及其对中国的启示 [J]. 继续教育研究，2007(01).

[12] 朱国芬. 建构有中国特色的生态教育体系 [J]. 环境教育，2006(10).

[13] 江家发. 环境教育学 [M]. 合肥：安徽师范大学出版社，2011.

[14] 李久生. 环境教育论纲 [M]. 南京：江苏教育出版社，2005.

[15] 沈国明. 国外环保概览 [M]. 成都：四川人民出版社，2002.

[16] 裴广川. 环境伦理学 [M]. 北京：高等教育出版社，2002.

[17] 闫蒙钢. 生态教育的探索之旅 [M]. 合肥：安徽师范大学出版社，2012.

[18] 汪劲. 环境法学 [M]. 北京：北京大学出版社，2011.

[19] 李思强. 共生构建说论纲 [M]. 北京：中国社会科学出版社，2004.

[20] 史玉成 . 环境法的理念更新与制度重构 [M]. 北京：高等教育出版社，2010.

[21] 郑志 . 中国生态文明建设：从"十二五"到"十三五"[J]. 生态经济，2016(10).

[22] 张莽 . 当前我国生态文明建设的核心问题研究 [J]. 生态经济，2017(04).

[23] 马光 . 环境与可持续发展导论 [M]. 北京：科学出版社，2006.

[24] 赵成 . 马克思主义与生态文明建设研究 [M]. 北京：中国社会科学出版社，2016.

[25] 詹玉华 . 以人为本视域中生态文明建设探析 [J]. 经济问题，2017(05).

[26] 秦书生 . 社会主义生态文明建设研究 [M]. 沈阳：东北大学出版社，2015.

[27] 陈家宽 . 生态文明 [M]. 重庆：重庆出版社，2014.